◆ 青少年成长寄语丛书 ◆

创造每日的历史

◎战晓书　编

吉林人民出版社

图书在版编目（CIP）数据

创造每日的历史 / 战晓书编. -- 长春 : 吉林人民
出版社, 2012.7
　（青少年成长寄语丛书）
　ISBN 978-7-206-09142-1

　Ⅰ.①创… Ⅱ.①战… Ⅲ.①成功心理 - 青年读物②
成功心理 - 少年读物 Ⅳ.①B848.4-49

　中国版本图书馆 CIP 数据核字(2012)第 150811 号

创造每日的历史
CHUANGZAO MEI RI DE LISHI

编　　者 : 战晓书
责任编辑 : 刘　学　　　　　　　封面设计 : 七　洱
吉林人民出版社出版 发行（长春市人民大街7548号　邮政编码:130022）
印　　刷 : 北京市一鑫印务有限公司
开　　本 : 670mm×950mm　　　　1/16
印　　张 : 12.75　　　　　　字　　数 : 150千字
标准书号 : ISBN 978-7-206-09142-1
版　　次 : 2012年7月第1版　　　印　　次 : 2023年6月第3次印刷
定　　价 : 45.00元

如发现印装质量问题,影响阅读,请与出版社联系调换。

目 录
CONTENTS

目录
CONTENTS

目 录
CONTENTS

目 录
CONTENTS

善于遗忘

不知别人怎么想，我却抱定这样一个观点：善于遗忘。

对成绩，要善于遗忘。尽管人的能力有大小，智能有高低，机遇不同，岗位各异，但只要肯干，总是会有些成绩的。虽然有的如日中天功勋卓著，有的只是局部的点滴成就。但如果只是一味地陶醉过去的业绩，就会作茧自缚、故步自封，很难取得大的进展。好汉不提当年勇。总爱对过去成就唠唠叨叨的老年人，无疑是心理老化的表现；如果是中青年人，便是不够成熟的表现了。

对挫折，要善于遗忘。世上没有笔直的路，曲曲弯弯磕磕绊绊在所难免。谁在生活上没有失意、事业上没有困难、情感上没有挫折呢？长年累月在生活之路上颠簸奔走，哪个没有摔过跤呢？如果总是念念不忘过去的伤痛，总是觉得命运多灾多难，生活亏待了自己，就会终日愤愤不平、忧郁不安。背了如此沉重的包袱，怎么能轻装前进呢？反之，如果我们能够忘掉那些坎坷与不幸，就能乐观豁达，积极进取。

对多余，要善于遗忘。人脑就像个仓库，空间只能是有限的。

因此，努力记住那些有用的知识，而把许多可有可无的东西坚决"清除出仓"，不让它们在记忆中占一席之地，包括荣辱名利、恩怨得失等等。何况，宇宙之大，广阔无限；社会的繁杂，深不见底，任何一门学科的一个分支，毕一生的精力都难窥其全貌。人的头脑再复杂，比起大自然和大社会来，只是"小巫见大巫"。因此，用脑必须有所选择，有所取舍。

善于遗忘，是知识和观念更新的前提。一位先哲说过，世上事物都是相对的，只有一点是绝对的，那就是事物是发展变化的。面对日新月异千变万化的客观世界，我们的观念和知识都要不断地进行更新。旧的不去，新的不来。不忘掉一些陈旧的知识、观念和经验乃智者所不齿也。有失才有得，只有摒弃一切过时的东西，才能不断用新的东西武装自己的头脑，只有善于遗忘的人，才能使生命之树常青。

善于遗忘，须加强心理素质的培养。许多事情是令人难忘的。往事的幽灵时不时地要在人脑中徘徊。忙时不想，空时会想，白天不想，梦中会再现。因而要摆脱往事的纠缠，必须有意识地加强心理素质的培养。自我心理调节也是一门科学，不要指望什么人帮助你，不少心理医生其实是自欺欺人。进一步说，即使你常常留恋往事，反省过去，时光还会倒流吗？

善于遗忘，有利健康。对一切过去了的事物，我主张要粗线条一点，要淡化一点，要糊涂一点，要潇洒一点，要宽容一点，要朦胧一点。郑板桥有句名言叫"难得糊涂"。我以为也包含上述意思。"豪放派"的诗词大家辛弃疾有词曰："事如芳草春常在，人似浮云影不留。"讲的也是同样道理。

（叶青）

抱头的动作

  他还不到10岁。在一次同哥哥骑车去郊外的野游途中，出了事。不过他并没有死，而且是完完整整地活了下来。

  那天，他们把车子骑得飞快，他在前面，道路窄极了，当他发现意外时，一切已经晚了，真的，根本来不及刹车。一大扇钉满大钢钉的木板架横在窄窄的路中央，那是附近一个农场拆掉的，当然，他并不知道，因为当时几乎来不及做任何反应，他的车便重重地撞在上面，一颗大钢钉刺穿了他的头颅。他的哥哥在后面刹住了车，不过哥哥吓坏了，不知所措……

  当他被送往医院抢救时，医生惊奇地发现，钢钉丝毫未伤及大脑，而是不偏不倚沿着颅骨的缝隙穿插而过……就这样，他安全地活了下来。

  这是个不可用概率来衡量描述的奇迹。后来他形容当时的情景时说：我的天，可怕极了，由于我太高兴而忘乎所以地闭着眼睛同哥哥赛车，睁眼时刚好发现它。我知道我完了，可是在那瞬间我想做最后的挣扎，于是就用双手去抱脑袋，尽管我明白毫无用处，我还是去抱，我想做一下挣扎，真的，我要挣扎一下……

这是10年前我从中央电视台的某个节目上看到的一则报道，他大概是美国人或者英国人。他用一个抱头的动作改变了被刺中大脑的极高概率，从而为生命赢得了机会和权利。他让我记住了他。

是的，当我们面对突来的危机而恐惧和无奈的时候，当我们被窘困潦倒压得喘不过气来的时候，当我们看到终于寻到的一线曦光又被乌云吞噬的时候，当我们被命运扼住了咽喉的时候……我们缺少的，不正是那个抱头的动作吗？

试着挣扎一下，便可能有意想不到的结果。

（吕冬云）

守住自己

　　所谓守住自己，就是说每一个正常的人，一定要按自己的正确意念来安排自己的行动，来恰到好处地行使自己的基本权利，来脚踏实地地实现自己的既定目标；时时刻刻不能搞歪门邪道，事事处处不能替自己打算，分分秒秒不能为自己谋取私利。

　　守住自己是一种修养。自己能够守得住自己，说明他的灵魂深处慷慨无私，心地纯洁，光明磊落，诚实坦荡；什么名利，什么金钱，什么福禄，如同过眼烟云，任何时候都表现得明明白白、真真切切、大大方方、从从容容。

　　守住自己是一种境界。自己能够守得住自己，说明他在人生的历程中，用正确的人生观指导自己的成长过程，用高尚的思想武装自己的头脑，用榜样的力量不断地净化自己，从而达到了自我完善的境地，完成了自我升华的过程。

　　事实已经说明，条件越优越，生活越改善，物质越丰富，手中掌握的权力越大，对自己提出的要求就要越严，就越要能够自己守得住自己。君不见，某些贪官身陷囹圄，就是因为守不住自己。本来身处高位，理应为人民群众多出力多流汗多办实事，为经济繁荣做出自己应有的贡献。可他们一朝权在手，中饱私囊，利令智昏，最后走上违法犯罪的道路，自绝于人民，自绝于党。这种守不住自己的人，必将被人民扫进历史的垃圾堆，遗臭万年。可以这样说，一个守不住自己的人，等于是在自己出卖自己，自己葬送自己，自己给自己的灵魂抹上了永远洗刷不掉的污点。这种人，活着要被人们戳脊梁骨，死后也要给别人当反面教材用。真是可悲可哀！

相反，一个人在任何情况下都能守住自己，都能经得起时代的考验，那么这种人就是时代的英雄，就是使人永远崇敬和爱戴的榜样。众所周知，孔繁森同志是山东省两次进藏工作的干部。他在任阿里地委书记时，恪尽职守，勤政为民，政绩卓著，最后不幸以身殉职。但人民永远也不会忘记，20世纪90年代有这样一位真正的共产党员，他的理想，他的信念，他的人格，他的情操，使千万人的心灵为之震撼。如今，孔繁森的事迹在中华大地到处传扬，家喻户晓，尽人皆知。这就是自己能够守住自己所引起的反响，所带来的效应！

在当今社会中，特别是在市场经济条件下，一个人要想自己守住自己，不是一件容易的事情。但不管怎么说，一定要牢记这么三句话：首先是不要随波逐流。其次是不要被人利用。三是要洁身自好。不管在什么场合，这样，不管你走到哪里，都会一身正气、两袖清风，什么样的"鬼"都撞不到你的头上。

　　说到底，要想自己守住自己，就是时刻保持一种健康向上的心态，让责任心、事业心永驻心间。

（张菊生）

好人好己　坏人坏己

　　慈明和尚有一句名言叫：好人好自己，坏人坏自己。这是他的口头禅，也是他的座右铭，细想何尝不是如此？

　　人们总是把好人看作一种殉道者，因为在现实中的好人总是吃亏的，愿意吃亏，或者恒久吃亏的人因之被称为好人；同样，人们总是把坏人看作一种得道者，因为在现实中，坏人多是占便宜的，投机取巧、不劳而获的人因之被鄙视为坏人。

　　谁能忍受长久地吃亏呢？谁又能泯灭心中的欲望呢？如以慈明的名言来解释来提问，便有水清石出的答案。想到好人好自己，就都会去做好人，谁不愿自己好呢？

重要的是人才

　　美国奥格尔维马瑟公司的总裁戴·奥格尔维有个习惯：每当任命新经理，他总是向每位新经理送一件礼品——木娃娃。新经理收到木娃娃都感到奇怪，总裁送这木娃娃干什么呢？原来木娃娃里边有说道：大娃娃里有个中娃娃，中娃娃里有个小娃娃，小娃娃里有个更小的小娃娃，更小的娃娃里有一张字条。字条上写的是："如果我们每个人都只雇佣比我们更小的人，我们就会变为一个侏儒成群的小人国。但是，如果我们每个人都雇佣比我们自己高大的人，我们就能成为巨人公司。"

　　戴·奥格尔维的木娃娃礼品，意味深长、发人深省：当今世界是个处处充满竞争的世界。争空间、争资源也好，争时间、争财富也罢，不外乎是争生存——为了更好地生存。而欲更好地生存，就必须争智慧、争科技，然而智慧、科技是以人才为载体的，它们一旦离开了人才，就不仅失去其动力地位，甚至失去其存在的意义，又何谈发明创造和第一生产力的作用呢？戴·奥格尔维的高明之处就在于他让经理们都能唯才是举、唯贤是用、唯能力智慧是求，希望他的经理们都能广罗人才、善待人才，用人之所长，补已之所短，不仅丝毫不嫉妒别人的才能，怕别人胜过自己，而且还要手扶肩举，使公司中的每一个人都能充分发挥其聪明才智，进而为公司创造出更大的财富。否则，像武大郎开店——"等而下之"地用人，不成为侏儒成群的矮人国才怪呢？

（邱瑞丰）

给生命注满希望

在我老家的隔壁，住着一位孤苦伶仃的老奶奶，在她26岁的时候，丈夫外出做生意，却一去不返。是死在了乱枪之下，还是病死在外，还是像有人传说的被人在外面招了养老女婿，都不得而知。当时，她唯一的儿子只有5岁。

丈夫不见踪影几年以后，村里人都劝她改嫁。没有了男人，孩子又小，这寡守到什么时候是个头？她没有走。她说，丈夫生死不明，也许在很远的地方做了大生意，没准哪一天发了大财就回来了。她被这个念头支撑着，带着儿子顽强地生活着。她甚至把家里整理得更加井井有条。她想，假如丈夫发了大财回来，不能让他觉得家里这么窝囊寒碜。

这样过去了十几年，在她的儿子17岁的那一年，一支部队从村里经过，她的儿子跟部队走了。儿子说，他到外面去寻找父亲。

不料儿子走后又是音信全无。有人告诉她说儿子在一次战役中战死了，她不信，一个大活人怎么能说死就死呢？她甚至想，儿子不仅没有死，而是做了军官了，等打完仗，天下太平了，就会衣锦还乡。她还想，也许儿子已经娶了媳妇，给她生了孙子，来的时候是一家子人了。

尽管儿子依然杳无音信，但这个想象给了她无穷的希望。她是一个小脚女人，不能下田种地，她就做卖绣花线的小生意，勤奋地奔走四乡，积累钱财。她告诉人们，她要挣些钱把房子翻盖了，等丈夫和儿子回来的时候住。

有一年她得了大病，医生已经判了她死刑，但她最后竟奇迹般地活了过来，她说，她不能死，她死了，儿子回来到哪里找家呢？

这位老人一直在我们村里健康地生活着，今年已经满百岁了。直到现在，她还是做着她的绣花线生意，她天天算着，她的儿子生了孙子，她的孙子也该生孙子了。这样想着的时候，她那布满皱褶的沧桑的脸上，即刻会变成像绣花线一样绚烂多彩的花朵。

每一次见到这位老人，我都会有无限的感慨。一个希望，一个在世人看来十分可笑的希望，一直滋养着她的人生，支持着这样一个脆弱的生命在苍茫的人世间走了几十个春秋。

没有什么比希望更能改变我们的处境。当我们处于厄运的时候，当我们败下阵来的时候．当我们面临一场巨大灾难的时候，我们都应该将人生寄托于希望。希望会使我们忘记眼下的失败和痛苦，给自己的人生重新插上飞翔的翅膀。

（鲁先圣）

人生之旅从设定目标开始

　　比塞尔是西撒哈拉沙漠中的一个小村庄，它靠在一块 1.5 平方公里的绿洲旁，从这儿走出沙漠一般需要三昼夜的时间，可是在肯·莱文 1926 年发现它之前，这儿的人没有一个走出过大沙漠。据说他们不是不愿离开这块贫瘠的地方，而是尝试过很多次都没有走出来。

　　肯·莱文作为英国皇家学院的院士，当然不相信这种说法。他用手语向这儿的人问其原因，结果每个人的回答都是一样的：从这儿无论向哪个方向走，最后都还要转回到这个地方来。为了证实这种说法的真伪，他做了一次试验，从比塞尔村向北走，结果三天半就走了出来。

　　比塞尔人为什么走不出来呢？肯·莱文非常纳闷，最后他只得雇一个比塞尔人，让他带路，看看到底是怎么回事？他们准备了能用半个月的水，牵上两匹骆驼，肯·莱文收起指南针等设备，只拄一根木棍跟在后面。

　　10 天过去了，他们走了大约 800 英里的路程，第 11 天的早晨，一块绿洲出现在眼前，他们果然又回到了比塞尔。这一次肯·莱文终于明白了，比塞尔人之所以走不出大沙漠，是因为他们根本就不认识北极星。

在一望无际的沙漠里，一个人如果凭着感觉往前走，他会走出许许多多、大小不一的圆圈，最后的足迹十有八九是一把卷尺的形状。比塞尔村处在浩瀚的沙漠中间，方圆上千公里没有一点参照物，若不认识北极星又没有指南针，想走出沙漠，确实是不可能的。

肯·莱文在离开比塞尔时，带了一个叫阿古特尔的青年，这个青年就是上次和他合作的人，他告诉这个汉子，只要你白天休息，夜晚朝着北面那颗最亮的星星走，就能走出沙漠。阿古特尔照着去做，三天之后果然来到了大漠的边缘。

现在比塞尔已是西撒哈拉沙漠中的一颗明珠，每年有数以万计的旅游者来到这儿，阿古特尔作为比塞尔的开拓者，他的铜像被竖在小城的中央。铜像的底座上刻着一行字：新生活是从选定方向开始的。

我不知道这个故事能给人带来什么，根据我自己的经验，我认为，一个人无论他现在是多大年龄，他真正的人生之旅，是从设定目标的那一天开始的，以前的日子，只不过是在绕圈子而已。

（刘燕敏）

把握生命的每一分钟

　　这是一个出狱的人讲的：一个判了死刑的杀人犯，一个用刀夺走两条年轻生命的杀人犯，当被带去行刑时，这个死刑犯说要换一条裤子；第二次走到门口时，他说袜子也要换；第三次，他又说忘了东西。如此的反复，让在场的所有人，心动，心颤。谁都明白，如此的拖延，目的只不过是为了让将尽的生命能多出几分钟来。这个人的以前，且不去说它，但其人将死，用几次拖延，道出了真理：生命，对于任何人都是最宝贵的。

　　这是我亲眼看见的：一个弥留的人，一个极平常的人，他已经多日没有言语和表情了。那会儿，他忽地抓住床边一个人的袖子，死死的，就是不撒手。那直视着袖子的眼睛，样子很是痛苦。全屋人都慌乱了，已有人去喊医生。我忽有感悟，扯起自己袖子，将手表伸到他眼前。他努力地盯着表，嘴好像在念叨着什么，一会儿，眼睛一闭，就永远看不见了。生命将尽，要说的要做的定有许多许多，这个人做的是：用最后一点能力，记下生命终点是在几时几分。

　　听这种事，虽然令人不快，但是，却道出了包括我在内的许多人的共同的悲哀：对于时间，只是在将近没有的时候才想到珍视；而在平时，却任意抛掷。

时间需要消磨才行，日子需要混才行，仿佛时间多得成了灾难。下班铃是最美的音乐，人们出一口长气，露出微笑，"嗨！又一天！"又卸去了8个小时的时间，我们在感受胜利。只有少数人想到了失去，想到又少了一天的生命。大家在盼，盼了春天，盼秋天。盼着长大，盼着当父亲，盼着当爷爷，盼着退休，盼着……今天早点结束，明天早点到来。仿佛生命仅是一次旅行，中间站点的停留全是无奈，要的是直接到达终点。

可以这样认为，造化给我们的生命并不是一个，而是童年、少年、青年、中年、老年的组合。当你成为少年时，童年已经逝去；当你进入青年时，少年已经成为过去；当你变成中年时，青年也就永远不存在了。你我的生命就是一年一年，一月一月，一天一天，一小时一小时，一分钟一分钟的时段组成的，生命其实只是这些时间的总和。生命是一分一秒积累而成的，同时也是一分一秒地支付出去的。甚至可以这样说：死亡并非是在最后，而是像蜡烛那样一段一段地消失的。如此说来，不论你是谁，都必须牢牢地把握每一个时段，都必须牢牢把握生命的每一分钟。

成功者，定是时间的有心人；谁做时间的富翁，最终定是穷人。

鲁迅少年时就在书桌上刻了一个"早"字。松下集团创始人松下幸之助说"我的秘诀是每天睡三个小时"。大学问家顾炎武的文集

《日知录》，就是取意"君子日知其所无"。竺可桢临终前一天，还在做气象记录……成功者不一定长寿，但一定是把握时间的高手。

在新的千年将自己仅有的开端交给幸运的我们的时候，咱们还是应该共同复习一下保尔的话："当回首往事的时候，能够不为虚度年华而悔恨，能够不因碌碌无为而羞愧。"具体地珍爱生命，就是珍爱时间；具体地珍爱生命，就是悭吝地抓住每一分钟。把握生命的每一分钟，让它放射出炫目的光辉！

（张港）

草莓的吃法

甲乙两人各拿到一盘一模一样的略被挤压得有点儿外伤的草莓。

甲每次都反复地比较，从盘中挑最不好的一枚，吃得很淡然。吃完了，便慨叹：我吃了一盘糟糕的草莓。

乙每次都认真比较，从盘中拣最好的一枚，吃得津津有味。吃完了，便欣然：我吃了一盘味道好极了的草莓。

甲每次都把希望留在以后，乙却每次都把快乐留在眼前。于是，同样的草莓，因吃法不同，自然就有不了不同的"味道"。其实生活也如同吃草莓，只有善于把握今天的人，才会拥有充实、快乐的人生。

券在心

　　偶翻清代野史逸闻，发现一则关于蔡磷重诺责的故事。

　　这个蔡先生是吴县一个生意人，当时以重诺责和敦风义著称。有个朋友把千金寄存在他家中，"不立券"，没任何手续。但没多久这个朋友病故，"蔡召其子到，归之，愕然不受"。非但不接这笔钱，这位公子还说出一番话来："嘻！无此事也，安有寄千金而无券者？且父未尝语我也。"不平白无故接受千金之资，也是极有风骨的奇人。蔡磷一听，乐了，"蔡笑曰：'券在心，不在纸，而翁知我，故不语郎君。'卒辇而致之。"把钱全还给了朋友的儿子。

　　三言两语，写活了两个人物，两个守信义、重诺责的人物，而蔡磷说出的"券在心"三个字，道破了信誉的本质。

　　关于"信"字，词典上可以接排上许多闪闪发光的词汇：信服、信从、信赖、信任、信实，直到信誉、信念与信仰。古时讲的仁、义、礼、智、信，前四个道德准则虽然都很好，但失去了"信"的支撑，恐怕这一道德框架会处于失衡状态。

　　"信"的内核，照我个人理解是诚实不欺，履行诺言。季布千金一诺；大丈夫一言既出，驷马难追；言必行，信必果；丈夫立身，言而有信……古往今来讲述的全是这么一个"券在心"的道理。

最讲信誉的一个人，是抱柱而死的痴男子尾生。为了实践爱情盟约，守定在桥柱旁，听凭陡涨的河水吞没自己——这虽是个古老得几近荒诞的故事，但这故事的内核却是坚贞忠诚、信誉至上。故而尾生在月亮升起时等待爱人的神态，他抱定桥柱不肯离去时的固执，以及最后投向岸边那绝望的一瞥，足以让人写出一首荡气回肠感天泣地的叙事诗。我曾尝试着构思，还写过几句开头，后来不知为什么中断了。不久前看走俏的美国影片《廊桥遗梦》，我的意识流常常古怪地流向尾生所抱定的那座桥和它的桥柱，想象中就应该是这样一幕场景和廊桥。

古今与中外，怨女与痴男，大多是相通的罢，这是心有灵犀的感悟，仍是"券在心"。

检验信誉的标准很多，但最有效的尺度是金钱，所以古人用"千金"为度。千金是一笔巨大的财富，意味着肥马轻裘、锦衣美食的享受，享受是人生难以抗拒的诱惑，而千金能提供这种诱惑。在物质的享受与理性的选择上，信誉所处的位置极容易动摇。别说什么"券在心"，白纸黑字的契约合同，说撕毁就撕毁，况且还有商场如战场，如战场自然是"虚虚实实，兵不厌诈"，所以"打假勇士"王海才应运而生。

从某种意义上说，王海是为公众的信誉而战。

一个社会如果把诚实不欺的道德准则放在诸多品德之首，我相信许多问题都会迎刃而解。听说美国人往往注重诚实，假如一个人背上了"爱说谎"的名声，他的事业注定一败涂地。

中国古代经商名言"诚招天下客"，诚者，不欺也。把信誉置于经营策略之首，意在求得广大客人的光顾，商家不可不三思。

商人的信誉是不欺不诈，有了这一信誉才有信用，同时拥有了巨大的无形资产。长袖善舞，多财善贾，信誉好的企业，才有可能越发展越壮大。

由此推及其他领域，文人的信誉，应是真诚与浓烈情感投入的创作，是血管中流出的挚爱；军人的信誉，是铁马金戈攻守兼备气吞万里如虎的气势；政治家的信誉是政绩与民心；企业家的信誉是产品与质量；体育家的信誉是拼搏与顽韧；编辑家的信誉则是对大小作者一视同仁竭尽全力推出上乘之作……

信誉至上。

或者说我们的道德建设从信誉做起，各行各业都无比珍爱自己的信誉，爱惜自己的羽毛，社会风气的转变，应是指日可待的。

（高洪波）

目标始终如一

家门口新建了一座游泳馆，我遂与游泳结了缘。

基本上都是晚上下班以后去。每次从入水的一刻算起，限游1小时。

最初，游上50米，就喘得像一只得了气管炎的海豹，必须上岸来歇个10分钟；而且，腿也疼胳膊也疼，心里很有畏难情绪。后来，200米，400米，600米……越游越多，歇的次数愈来愈少。终于有一天，一次也没休息，连续不停地游了1100米。

从此，一跳下去就不再停顿，1300米，1500米，1600米……这几日正在顽强地向新纪录冲刺。

腿也不疼了，胳膊也不疼了，心里越来越放松，日复一日地自我感觉良好。有几次，当劈波斩浪之时，甚至产生了一种抑制不住的幸福感，喜悦于自己找到了这么好的感觉——这是身心俱自由、完全放松的感觉，它是属于欢乐青春的，记得人到中年以后，沉甸甸的人生苦酒喝多了，很久很久，已经和这年轻的激情久违了！

就暗暗下决心：要珍惜这激情，绝不能再把它丢掉，而要像坚持游下去、再创新纪录一样，一直小心翼翼地保持到终老。

可是，干扰来了——

有三两个同年龄的女人站在池边，睥睨着眼睛，甩过来冷冷的几句："哼，游得那么慢，姿势也不正确嘛！"我没理会她们，继续游我的，我知道她们是嫉妒，刚才我从她们身边赶过去了，她们不高兴。

有一个中年男人一次又一次超过我，一副洋洋得意的样子。我装作浑不自觉，心里暗暗冷笑：你游你的，我游我的，我知道我不如你，但我有我自己的目标和节奏，我争取的是鞭策自己，不断前进和超越自己。

有一群小姑娘刚刚游了二三十米，就乱纷纷夸张地叫起来："累死了！游不动了！不行了！"我笑了，她们缺的不是体力，而是毅力、是坚持、是吃苦精神，她们还不懂得生活的艰辛，巴望着这世界只是鲜花铺路，美酒接风。

忽然，有一个壮汉从对面冲将过来，蝶泳，动作很夸张，响动很大，把水花拍得老高老高，一个人几乎占据了整个泳道。他游得太自我了，明明看见了相向而来的我，但依然故我地横冲直撞过来，带着一股强盗般的快意。我当然很生气，但还是躲开了，生活里就是有这么一种恶人，以邪恶为强权，要占尽世间的好处，我们拿他们没有办法，只能避开干扰，躲开即是福。

还有比这更严重的干扰。有一伙男男女女朝我游过来，转瞬间在我前前后后兴风作浪，企图打乱我的节奏，迫使我停下来。不知道我得罪了他们中间的哪一个，竟使我被迫面对一个无形的军团，像困兽一样孤立无援。一阵慌乱，我呛了一大口水，手脚顿时乱了，身体直往下沉，但我想到自己的目标，脑子"轰"的被击醒了：我要继续前进，不能与他们纠缠为伍，也不能后退，一定要坚持住！于是，我奋力摆脱他们，不理，不听，不看，不想，不为所动，一心一意想着我的手怎么划，我的脚怎么蹬，我的呼吸怎么调整，这一着很快奏效，我感到自信的火炬重又点燃了我的灵魂，浑身的血流又畅快地奔涌起来，就像有着一股不可抗拒的神力，我箭一般地向前，向前。他们见扰不动我，只好讪讪地退了。这一天，我创造了1700米的新纪录……

回想当初，当我第一次跃入蓝得透明的池水时，完全没想到这平静的游泳池，竟也是一幅内涵丰富的社会画卷。如今，每当我沿着那长长的泳道，奋起双臂劈波斩浪之时，都会自觉不自觉地联想到人生。人生的问题当然远比这深奥得多，复杂得多，也更艰难得多，但我悟到了一个看起来平凡做起来不容易的道理：

目标要始终如一。

（韩小蕙）

苏格拉底的证明

　　凯勒丰是苏格拉底相知极深的朋友。有一天，他特意跑到特尔斐神庙，向神请教一个问题：世上到底还有谁比苏格拉底更聪明？

　　神谕曰：没有谁比苏格拉底更聪明的了。

　　凯勒丰高兴地向苏格拉底展示了神谕的内容，可是他从苏格拉底脸上看到的却是迷茫和不安。

　　苏格拉底不认为他是最聪明最有智慧的人。这在那个神为至尊的时代是需要勇气的。

　　于是，苏格拉底要寻找一位智慧声誉过于他的人，以反证神谕的不成立。

　　他首先找到一位政治家。政治家以知识渊博自居，和苏格拉底侃侃而谈。苏格拉底从中看清了政治家自以为是其实无知的真相，他想，这个人虽然不知道善与美，却自以为无所不知，我却认识到自己的无知，看来我似乎比他聪明一点。

　　苏格拉底一一寻访以智慧而著称的人，结果发现，名位最高的人，几乎是最缺乏智慧的，名位较低的人相反有更多的学识。

苏格拉底还不满足，依然继续着他的证明。

他找到了一位诗人，发现诗人作诗全是出于天赋，而诗人自以为能写几句歪诗便目空一切。

接下来，苏格拉底又向一位工匠请教。想不到工匠竟在蹈诗人的覆辙，因一技在手便以为无所不能，这种狂妄反而消弭了他所固有的智慧之光。

最终，苏格拉底悟出了神谕：神并非说苏格拉底最有智慧，而是以此警醒世人——你们之中，唯有像苏格拉底这样的人最有智慧，因为他自知其无知。

人世匆匆，似乎在追寻着什么，又都在证明着什么。"我是最棒的""我是最好的"……一类鼓噪几乎在每一天都敲打着晨窗，还有几人能够像苏格拉底那样虔诚地求证自己的无知呢？

"认识你自己"，这句镂刻在特尔斐神庙上的名言，曾赋予了苏格拉底一种深沉的智慧目光。而今，苏格拉底的证明则向我们开启了一扇智慧之门：许多时候，认识自己，或者认识真理，都是从认识自己的无知开始的。

（邵泽水）

失败的高度

　　一个跳高运动员即使是打破了世界纪录，最后也是以未能跨越更高的高度而告终。其成功的壮观也仅仅限于那凌空腾跃惊心动魄的一瞬，而试图再创辉煌的努力毕竟未能如愿时，不免让人心头掠过丝缕凄然。所以，从这个意义上讲，纵然是站在冠军位置上的"世界飞人"，面对更高的召唤也是一个失败者。

　　没有成功是一种失败，没有更大的成功也是一种失败。前者往往被人看不起，后者往往让人看不到。于是不少人只满足于做成一件事而停泊在浅层的自得中，而只有少部分人为了设法把一件事做得更好才在永不满足的进取中成为了不起的杰出者。

　　站在一个高度豁达地把自己看成失败者，才会更为自信地与下一个相对意义上的成功较量。

　　失败不是耻辱，因为有权利失败的人至少是不甘于平庸而敢于向生活宣战的人。失败了不向失败屈服而执着如初的人是更强有力的，而这时的失败几乎成了警策的座右铭。

　　有了失败，人才会在耻辱中卧薪尝胆；有了失败，人才会在无奈中增长耐心；有了失败，人才会在苦楚中紧咬牙关；有了失败，人才会在胸前挂有奖章，耳边常有赞美，甚至眼前一片灿烂时，时时不安、躁动，直至再次奋起，才会看清自己未圆的梦，从而超越自己，去创造更大的成功。

成功没有巅峰，追求没有止境。但暂时的荣誉常常用漂亮的绳索捆住人们的手脚，一时的辉煌也常常用美丽的光环衰减人们的心态。

只有失败，才可以制成粗糙的戒指，戴在手上；才可以锻打成触目惊心的吉祥物，挂在门前，让自己处处当心，事事警醒。

失败，让人痛心更让人动心，让人难堪更让人坚定，让人不堪回首更让人不得不时时记起，让人在想放弃时能握住勇气想逃避时挽起自尊。

失败的高度是最高的高度，不失败的脚步才会带你走向最后的成功。

（黑马白浪）

缺少的才是最重要的

　　一家机构随机调查，在"什么是最重要的"一栏里，整理出主要有五种答案：A. 知识比金钱更重要；B. 能力比知识更重要。C. 权力与关系比能力更重要；D. 金钱比权力与关系更重要；E. 活着最重要。

　　面对不同的答案，调查者研究发现，选择"知识比金钱更重要"的主要是一些小学生。他们回答的理由是：书本上是这么讲的，一直以来老师也是这么教的。

　　选择"能力比知识更重要"的是一些中学生。他们说从生活中的一些人和事情上发现，光有知识是不够的，有成就的人并不一定拥有许多知识。

　　选择"权力与关系比能力更重要"这一条的，是一批即将进入社会或刚参加工作不久的年轻人。他们不停地诉苦：现在找工作需要关系与权力，升职晋级更需要权力与关系！

　　选择"金钱比权力更重要"的则是中年人。他们选择的理由是：金钱虽不是万能的，但没有金钱却是万万不能的。

选择"活着最重要"的多是老年人。理由是生命都没有了，拥有一切又有何用？

不同人群的选择是值得深思的——

童年是无知与纯真的，所以，知识是无与伦比的宝藏；

少年是叛逆与创新的，所以大力宣扬能力；

青年是拼搏与迷茫共存的，理想与目标被身边的事物桎梏；

中年是饱经沧桑与现实的，所以最终被世俗洗礼；

被生命倒计时的老年人珍惜着生活的每一天，没有什么比夺去他们的时间更残酷！

生命是重要的，可是拥有者并不以为奇。正如拥有知识、能力、权力、金钱等等一般。人们都认为非常渴望拥有而目前又最缺少的才是最重要的。

缺少的才是自己最重要的，现实其实也很简单，现实也很残酷。

（游义平）

隐形的翅膀

　　有这样三个人，他们有一个共同的特点：都失去了双臂。

　　她叫熊燕。她可以用双脚绣出精美的十字绣，绣出来的每幅作品都栩栩如生。她对美有着自己的理解。和同龄所有爱美的女孩子一样，她喜欢在出门之前好好装扮自己，眼线、眉毛、口红，每个步骤都会用她的双脚进行，专注而仔细。她对烹饪也很在行，会做不少拿手好菜。她曾在四处找工作时，饱受别人异样的歧视和冷落；也曾因为心理的原因，错过一个喜欢她的优秀男孩儿。但始终，她都会默默地擦掉眼角的泪水，然后露出坚强的笑容，乐观地面对一切！

　　他叫刘伟。十岁时，他失去了双臂；18岁的时候，倔强的他毅然放弃高考，从零基础开始用脚学起了弹钢琴。因为过度劳累，他几次与死神擦肩而过。最严重的一次，他的内脏功能严重衰退，引起了紫癜肾。面对重重困难，刘伟没有丝毫抱怨，他总是积极地与疾病作抗争。如今，他已达到钢琴七级水平，并专注于创作，追逐着属于自己的音乐梦想。在生活中，刘伟的键盘打字速度更是令人吃惊。不久前，他在意大利打破了自己创下的世界基尼斯纪录，用脚一分钟打出了231个字母！

他叫黄阳光。虽然失去了双臂，但是一直以来都乐观坚强。他希望自己能够独立生活，为了行动方便，他一直坚持骑单车。因为没有双手，他经常会从单车上重重地摔下来，磕得满头满脸都是血。即便这样，他也从未有过放弃的念头。机缘巧合，他从桂林农村来到了北京，成为中国残疾人艺术团的一名舞蹈演员。迄今为止，他已经舞遍了世界五十多个国家和地区。在这期间，黄阳光挥洒过无数的汗水，付出过常人难以想象的努力。在历经生活的磨难之后，他冲破重重难关，以自己独特的魅力赢得了一位著名高等院校硕士毕业女孩的芳心！现在的他，生活幸福，事业有成。他说过："虽然我没有了双手，却可以用脚代替双手翩翩起舞，舞台上可以，生活中亦然！"

面对身体的残疾，这三个人并没有悲观的情绪。虽然在生活中，他们有诸多的不便，但这并不妨碍他们培养自己的兴趣。他们用自己的方式，享受着生活带来的无限乐趣。在困难朝他们重重压过来的时候，他们始终都选择自己主宰命运。虽然他们没有双手，但都拥有一双隐形的翅膀：一颗乐观而坚强的心！

（雪丫头）

分段成功

　　我有个农村的舅家小表弟，比我小6岁。他高中刚毕业那年，来到城市里，在一家厨师培训学校学厨师，经常会在周末来我们家玩。

　　厨师学成后，有天他到我家里，红着脸说要向我借4000元钱，说要自己开个小吃铺。望着眼前这个18岁的大男孩，我吃惊地说："就你？想开小吃铺？得了吧，你能找个小吃铺打工就不错了，真是异想天开！"那个时候，我大学毕业后刚工作两年，除去平时的花销，也就是几千元的积蓄。我哪舍得借给他打水漂呀。

　　见我有拒绝他的意思，他的脸一下子涨得通红，眼泪一下子掉下来了。他这一哭，我一下子心软了，后来我拿出2000元，我妈也就是他姑姑拿了2000元，我叹口气说："这钱就算我们赞助你的了，赔了就赔了，我们也不指望你能还。"他倔强地说："你放心，我一定还这个钱！"

　　表弟的小吃铺终于开起来了。在流动人口多的城乡接合部，租了个十平方米左右的小房子，房租是每个月500，交了半年3000元房租，剩下的1000元，他买了炊具、碗筷，为了节省资金，他的四张小方桌和那些椅子都是从旧家具市场买的二手货。表弟见我盯着那些桌椅皱眉头，他嘀咕道："旧点怕啥，人家来吃饭的，又不是吃桌子椅子的。"我环顾一圈，叹息道："你连个冰箱都没有，还开什么小吃铺，真是瞎闹！"表弟倔倔地说："我怎么瞎闹了？没有冰箱，我买菜买少些，够一天用的就行了，没有冰镇啤酒也没有什么难的，我旁边就有个小超市，他们有冰镇啤酒卖，我从他们那买不是一样吗？"见表弟这么瞎凑合，我苦笑着摇摇头，借口有事情忙，就走了。

过了大约半个月，我路过那个地方，于是就随便过去看看，正是中午吃饭的时候，好家伙，表弟的生意还真是不错，四张小方桌坐满了人。他就是卖面条、米饭和小炒，一个人忙得团团转，有顾客要冰镇啤酒的，他匆匆跑到门后，冲旁边的超市喊一嗓子："来三瓶冰镇啤酒！"于是人家立马送来……

半年过去了，表弟真的把钱给还了，还给我妈买了个手机、给我买双皮鞋。我知道他这是答谢我们母子俩。回想起当初我怀疑他的能力的时候，我感觉有些不好意思。

表弟的铺面一年租期到了后，他租了个四十多平方米能摆12张桌子的大房子，招了一个厨师和一个服务员，买些新炊具和新桌椅，他一年挣的钱都折腾完了，不过，这个时候，我已经开始欣赏表弟了，觉得他是个敢想敢干特别能吃苦的人，肯定能把生意做好。

表弟做生意的第六年，他把饭店开到开发区的写字楼楼群了，他租了上下两层共二百多平方米的房子，开了家酒楼。表弟的生意很好，写字楼群的很多白领都是他的长期顾客。

"其实当初我的理想就是以后想开个酒楼，但在那个时候，我两手空空的，对于我来说，那个理想确实很大很遥远！好在我踏实地从小干起，干好了小吃铺，然后就干了饭店，再后来就是现在的这个酒楼。现在回头想想，当初我的理想还不算离谱吧？"表弟说完，幸福地笑了。我当时心情很复杂，既为表弟的成功高兴，又为自己多年的碌碌无为而难受。

我也希望自己能够像表弟那样，经过勤奋努力，让自己以分段前进的方式取得最终的成功。

(冯凡)

简历人生

编一套书，收到几百篇文字的同时，也读了几百个人的简历，并从中窥见几百个人的俗世表情和半生足迹。

最简单的，不过是一行字，说，某某某，出书若干。我相信文字后的这个人，一定有着最丰富的阅历，走过坎坷的道路，于是便淡定如水，对于名利，已不介意，知道这些看似光芒万丈的东西，不过是一件衣服，披在身上，并不能让你的灵魂也跟着荣耀起来；人生很短，来时赤诚相见，去时也是如此，所以那些华衣彩服，除了招蜂引蝶，让自己的安静旅程生出喧哗与聒噪，并无大益。如此简历的主人，大多作品沉稳大气，有大家风范，一行行读下去，犹如与此人对面，无须多言，便能让你品出茶之沉郁味道。

而那些文字短短一页，简历却是长达五百字的人，窥其人生，却是乏味如久泡后的茶水，看似绚丽多彩，喝一口下去，毫无滋味。那些履历，细到连小学曾经得过的一次奖励也写了进去。获过的某项荣誉，除了将名称写上，还会絮絮叨叨地将那颁奖的机构、在当下文艺界的地位，也一块纳入其中，似乎唯有如此，才能让人了解这奖项的重要性及他本人的横溢才华。

而对于那些所获奖项多到无法细数的人，列入简历时的选择，也可窥见此人的一两点小心思。有些人会在简历里，将国内的荣耀全部剔除，只留国际的奖项若干，昂头挺胸地立在那里，只等看见的人投过去仰慕艳羡的视线。这样的人，大多有崇洋媚外的心理，觉得玫瑰都是国外的香，于是乐意弃掉国内的大奖，只留那外人没有听说过，但一窥见"英法德日意"字样便生出赞叹的国际小奖。

也有人善于断章取义，在百度里搜来无名报章的评论，只取那提及自己名字或者作品的关键一句，大张旗鼓地列入简历，并将评论中其他人的名字，毫不留情地去掉，似乎那些概括整个行业的前瞻性句子与荣耀，只是给他一个人的，他取一瓢饮，便可以吞下整个江河。

还有人完全相反，把凡是与名人共同出席的会议全部列入简历，尽管自己的名字常常在最不起眼的角落；但好歹是与名人并列过的，所以，也可以沾些名人散落的光泽，让自己看上去喜气洋洋，昔日晦暗的容颜，可以红光满面地出去见人了。

有热爱职位的，会从少先队大队长写起，将沿途的大大小小的官职一一列来，你会从那些一本正经的理事、主任、主席、副科长、荣誉教授等等的头衔上，看到此人脸上对于世俗职位的垂涎，似乎他退休前的大半生，就是为了这些职位而生的。从入幼儿园的那天起，他就开始了对那一个高于别人的座椅的征服。一步步爬上去，那些阶梯便是他一生的印记。至于途中那些芬芳的花朵，或者茂密的森林、清亮的溪水，则与他无关。

那些实在是无光辉事迹可写，但又不甘心在简历上平庸过他人的，便会以最华丽的辞藻为自己粉饰。譬如他会说自己曾经为某知名人士做过翻译，深得名人的信任与认同。又说在业务上勤奋钻研，做出的某项成绩无人可以匹敌。还说因为业绩突出，曾受邀参加京城某知名会议，与国内行业翘楚做了深入的交流与探讨。在这样的词语修饰下，原本灰突突的某个人，犹如到了四壁辉煌的宫殿，灯光照耀之下，带褶皱的衣服，也跟着流光溢彩起来。

后来有一天，我偶尔路过城市的某个公墓，走过一个个墓碑的时候，便再一次想起了那些或简约或奢华的简历。原来我们许多人，生着的时候想要荣华富贵，死去的时候，依然想不明白，于是在那小小的墓碑上，用各式的文字提醒着经过的后人，这泥土里埋葬的乃是一个功名显赫的人物。而那些一路行走、始终朴实无华的人，在人生的终点，也如流水行云，给你最安静的一个句号。

我喜欢其中一个墓碑上的文字，很短，说：我曾经来过。我们每一个人，原都是这样，曾经来过．并成为渐渐被人忘记的过去。所以每一程人生，对于别人的意义，不过是瞬间逝去的风景，平淡也好，绚丽也罢，这一程的滋味，真正能够品出的，也只有自己。

而那给别人看的简历，一笔一画写的人，亦是自己。

（安宁）

坚持的心

　　我渐渐发现自己其实缺少一颗坚持的心。

　　在做一件事情之前，我往往问其中有没有捷径、有没有诀窍？这是一个讲究速成的时代，我也不能免俗。竞争这么激烈，生活节奏这么快，我岂能风平浪静，任一颗悠闲的心垂钓一弯空钩？

　　我仿佛觉得自己的眼睛不仅仅是两只，自己的手脚也不仅仅是两对。我无时无刻不在观察究竟有多少东西必须先下手为强，手脚像敏感的章鱼触手一样随时准备着去攫取战果，镇定自如的时刻很少，手忙脚乱的时刻倒很多。内心的欲望越多越杂乱，我越不能坚持，看似我一直在坚持捕捉抓取，其实伸缩都很迅疾，目标一直变幻不定，一会儿是这个，一会儿又是那个。我所抓到手的往往是碎片和枯枝而已，而且常常无功而返，空手而归。

　　这个世界变化真快，我幻想着与之合拍，可是这种快是繁杂事物叠加出来的快，我区区一个凡人如何应对这么多变化？而且，我只看到世界的快，却无视自然的慢，结果只能让自己心急火燎，快马加鞭，不停地猎取，却少有斩获。人生正是这样，盲目的快只能带来疲惫的慢，而放眼万事万物、内心波澜不惊的慢，却竟最先抵达了花好月圆的极致佳境，最从容、最优雅的慢竟是最无敌、最安全的快。人生也有辩证法，追求也有辩证法，速度也有辩证法，可惜我长时间无知不学，越活越蠢，越蠢越狂，越狂越败，直到无法收拾旧山河。

一颗单纯的心才会坚持，一颗简朴的心才会坚持，一颗得到美德和智慧的心才会坚持，一颗不随波逐流、抛弃了偏执的心才会坚持，一个知足惜福、不贪占盛夏果实的心才会坚持。简单率真地生活，简单率真地去爱，简单率真地去取暖和温暖别人。也许我无心去坚持什么，就已经拥有最有力、最持久的东西。无须坚持执着，无须刻意勉强，只是自然自足、朴实无华、满心满意地去做，这也许正是最厉害、最不可阻挡的坚持。

桃树年年开出桃花，而从来不奢望开出牡丹，这是桃树的幸福、快乐和自得，也是桃树的操守、美德和智慧。我不能坚持，看似是因为外界的诱惑太多，实在是由于自己是战士时，没有做一个好的弓箭手，人生的利箭投掷过多过偏，一次次都是强弩之末，利箭变成了稻草秆；我太相信人生就是一场战斗，从不知道化干戈为玉帛，自身脆弱，又面对强劲的对手，我如何能够谈笑自如，坚持到底赢得胜利？而现在是时候了，将投出去的利箭变成鲜花的时候到了，否则我会永远失去最后的机会，将无物可以坚持，将没有任何心愿能够坚持，将永失我爱，留一抹苍凉、曲折、破碎的背影在"半江瑟瑟半江红"的秋水之中。

雨后春笋是献给有缘人的，更是献给懂得坚持的人的。坚持不单单是等待，还是日复一日地做功课。"修炼没有目的，目的就是过程。"种竹子何尝不是如此？你种下竹子，竹子便开始在泥土里、在你的心里生长，你每天都收获了竹笋，"好比你去哪里旅游，买了票之后就'我心飞翔'，这已经在旅行"；第五天，竹子发芽，六天之内拔高90英尺的雨后春笋只是掀起一个喜悦的高潮而已，给你一个震撼、完美的交代。

人生原本没有意义，意义是人给的；人生原本没有目的，目的是整个过程。坚持的心其实是"性本善"，还人的本来面目之后，全凭心灵和灵魂来揭示意义。看重过程而远远胜过目的，心足魂定，自然而然，一气呵成，其中何来坚持，何须坚持？

（孙君飞）

每一天都是特别的

多年前我跟悉尼的一位同学谈话，那时他太太刚去世不久。他告诉我说，他在整理他太太的东西的时候，发现了一条雅致、漂亮的丝质围巾，他太太一直舍不得用，她想等一个特殊的日子才用。讲到这里，他停住了，好一会后他说："再也不要把好东西留到特别的日子才用，你活着的每一天都是特别的日子!"

以后，每当我想起这句话时，我常会把手边的杂事放下，找一本小说，打开音响，躺在沙发上，抓住一些自己的时间。我会从落地窗欣赏淡水河的景色，不去管玻璃上的灰尘；我会拉着太太到外面去吃饭，不管家里的菜饭该怎么处理。生活应当是我们珍惜的当下，而不是要挨过去的日子。

我曾经将这段谈话与一位女士分享，后来见面时，她告诉我她现在已不像从前那样，把美丽的瓷具放在酒柜里了。以前她也以为要留待特别的日子才拿出来用，后来发现那一天从未到来。

其实，"将来""总有一天"并不应该存在于我们的字典里。我们常想跟老朋友聚一聚，但总是说"找机会"；我们常想拥抱一下已经长大的小孩，但总是等适当的时机；我们常想写封信给另外一半，表达一下浓郁的情意，但总是告诉自己不急。其实每天早上我们睁开眼睛时，都要告诉自己这是特别的一天。每一天的每一分钟都是那么可贵，所以，从现在就开始吧！

（刘瑛　译）

平凡是可以改写的

他高中毕业后，子承父业，成为一名每周只挣30美元的卡车司机。不过他过得很快乐，他的驾驶室里总是飘出愉快的歌声，最令他自豪的一件事是，1953年的时候，他用开车攒下的钱在孟菲斯市的一个录音棚里，录制了一盘自弹自唱的音乐磁带，作为献给母亲的生日礼物。

她是洛杉矶一家军工厂的青年女工。像所有工人一样，她每天都在工厂的生产流水线上，不断地重复着几个简单的动作。生活波澜不惊，唯一值得炫耀的，便是在1944年的一天，她像往常一样在流水线上埋头干活。突然，一个到工厂采风的陆军摄影师注意到了她。摄影师请她做模特，拍摄了一组宣传照。

他是一个健壮的英格兰小伙子，由于家境贫寒，他十几岁就自愿参加了英国皇家海军。退役后，他先后做过泥瓦匠、游泳馆救生员。1950年，他开始在电影里扮演一些跑龙套的小角色。做演员所获得的微薄收入，并不能维持他的日常开支。于是，他又找了一份给棺材刷油漆和上光的工作。

也许你没有想到，这三个普通人居然是赫赫有名的大明星，第一位就是"猫王"，第二位是玛丽莲·梦露，下一位人们叫他"007"。

生活中，你是否常抱怨自己的现状太平庸，自己的未来太渺茫？其实，只要你愿意，这一切都可以改写。

（朱文娟）

那些生命的最后姿势

　　遥记多难的 2008 年，当四川"5·12"地震以迅雷不及掩耳之势发生时，四川什邡市红白镇中学的张辉兵老师，正在二楼的讲台上讲课，距离教室门口仅一步之遥。然而，张老师没有跨过这轻而易举就能跨过的"生存之门"，而是用尽全身力气撑开教室的门，呼喊孩子们往外跑，将学生一个一个引导出去。等十多个同学跑出一楼之后，教学楼倒了，张老师被掩埋在钢筋混凝土的深处。生死攸关之际，张老师什么豪言壮语都没留下，他留给我们的，只有那撑向"生存之门"的手臂，他这坚定的姿势，让十多名孩子跨越了死，走向了生。

　　这是一位人民教师生命的最后姿势。

　　2010 年 4 月 14 日，青海玉树发生 7·1 级强烈地震，当地孤儿院轰然坍塌。在孤儿院做义工的香港人黄福荣带着 32 人成功地跑到了空地上。但不幸的是，3 名孤儿和 1 名老教师被埋在废墟之中，一块巨大的水泥天花板和地面形成三角形空间，四人头露在外面，一半身子却埋在里面。黄福荣随即折回，毅然钻进那个三角形空间，从后面将四人奋力往外推。当他刚把四人推出废墟得救后，余震又将另一半房屋震垮，黄福荣被压在沉重的水泥板下，英勇献身。

这是一位素昧平生的香港义工生命的最后姿势。

2010年10月下旬，"鲇鱼"台风袭击台湾，暴雨倾盆，造成苏花公路大面积塌方。台湾弘泰旅行社司机蔡智明，载着20多名大陆游客正好路经苏花公路。蔡智明听到轰隆隆的声音，马上停车，帮助游客以最快的速度下车。当他确认游客全部安全下车后，这位勇敢的司机却失去了最后的逃生机会，不幸被泥石流冲下山崖。

这是一位普通台湾司机生命的最后姿势。

日本"3·11"大地震及海啸夺去了数以万计的生命，但在灾情最严重的宫城县工作的20名中国女研修生却奇迹般地活了下来。是命运之神的垂青？是异于常人的机智？都不是。她们的幸运，是因为公司一位名叫佐藤充的日本人的舍身相救。

地震发生时，在佐藤水产株式会社工作的她们，逃到了宿舍附近一个地势较高处。歇息观望之际，佐藤充匆匆向她们跑来，带领她们跑到更高的神社避难。安顿好研修生后，佐藤充又跑回宿舍楼，焦急地寻找还处于险境中的妻女。但是，宿舍楼迅速被海啸吞没，妻女没有找到，佐藤充却被无情的海水卷走，再也没有回来。

牺牲前，佐藤充在地震和海啸中来回奔跑、营救他人的身姿，被研修生拍摄了下来。这是他留给人们的最后的影像，也是他人生的最后姿势。

面对大自然，有时人类显得十分脆弱，甚至脆弱得不堪一击。但人类与大自然最大的区别是人类拥有爱，一种充满人性温暖的爱，这种爱会驱使人们与无情的灾难进行殊死抗争，在危急关头互助互救，甚至不惜牺牲。也正是这种爱，让我们看到了心灵的美好、人性的美好、人生的美好，让我们对未来充满希望。

（晏建怀）

世界到底是谁的

　　世界到底是谁的，关于这个问题，答案种种，莫衷一是。我最认同的是一位老教授的说法："这个世界不是有钱人的世界，也不是有权人的世界，它是有心人的世界。"这话初听尔尔，仔细一琢磨，不禁击掌赞叹。

　　少小蒙昧，听到、看到"有心"二字，懵懂且怀疑。后来，为人父母为人师傅，换一个站位居高临下地俯视时，忽然发现，孩子和孩子的差异，最紧要的不是智商，而是是否有心。同样一道题讲出去，有心的孩子能够触类旁通、举一反三，无心的孩子左耳朵进右耳朵出，过一时半会儿再遇到这道题，还是丝毫印象都没有。看来，有心不仅是一种成熟和悟性，更是是否懂得用心。

　　开悟到这个阶段，便以为对有心二字有了彻底的正解。但随着阅历不断增加、时光不断累积，终于又发现，有心和有心又有大不同。浅层次的有心，可以让人有小成，得功名利禄不在话下。而深层次的有心，却非一般人可以懂得。这话扣在开篇老教授的话上，赫然明白，那真真是最恰当不过的诠释。

喜欢看武侠小说的人都知道，大侠分好多层次，较高境界的人贯通所有兵器剑法，有无往不胜之功力。但最高境界的人，却总是不着一刀一剑的徒手之人，甚至都不讲任何招式和宗派。一抬手，光华无限处众人即丢盔弃甲；一提足，神龙见首不见尾便飞越万水千山。这样的境界和有心好有一比。真正有心的人，不需假借金钱和权力的光环，亦能体悟到金钱买不来的愉悦和权力无法企及的超然。

有人或不以为然：一颗心焉能这样厉害？回答这个问题，必须追溯金钱和权力的本源。世人熙熙攘攘为名来为利往，所求的不是存折上的数字，也不是官衔上的等级，而是金钱和权力带来的福利。那种为所欲为的小得意，那种世界虽大唯我独尊的气势，归纳起来就是七情六欲极大满足后所产生的快感。

短期来看，所有成功人士都享受到了这种快感。可惜的是，快感这东西从来都如白驹过隙，一闪而逝。而这个世界，永远有比你更有钱的，也永远有比你权力更大的。无论用尽多少心机、耗费多少心血，你永远都不可能是NO.1。更让人纠结的是，当个人上升到一定程度后，再多用心也都是枉然了。人生遇到天花板，命运进入死胡同。烦恼从天而降，黄金枷锁和权力光环实现不了人生的大圆满。

但有心却可以。很多人都记得那句耳熟能详的广告语：心有多大，舞台就有多大。海有涯山有顶，但心灵有多广袤谁又会知晓？

只要有心，再简朴的衣食都能散发华衣美食的幸福，再寻常的生活都能洞见宁静和安然。金钱和权力能满足的欲望，禅心慧心定心皆可轻易满足。而从欲望之上升华出的禅心慧心定心，金钱和权力却永远只能望其项背。

世间浩瀚，借助外物永远只能窥斑见豹；只要有心，哪怕一草一木，也能瞬间了然宇宙万象。佛家有言：只要肯修，世间所有人都是肉身活菩萨。同样的道理，对于芸芸众生而言，做有心之人，所有寻常都是大道。小小寰球，不过胸中丘壑而已。

（琴台）

情感在波士顿的深夜共鸣

多年前的一个深夜，我遇到了这样一位巴士司机，他大概五十多岁，秃顶，身材很胖，脸上带着淡淡的笑。"你好，我叫比尔，波士顿的老比尔。"他对正在上车的我招呼道。

当时是晚上十点多，因为天气原因，我们回家的航班被取消了，无奈之下，我们只能在波士顿过夜。经过一天的折腾，当我们登上比尔的机场巴士时，大家全都无精打采的。我坐在司机身旁的儿童座椅上，当时我十岁，身体有残疾。

比尔人挺不错，于是我跟他聊起来。从机场到酒店，我们聊了整整一路。说笑声中时间过得很快，我不停地向比尔问这问那，聊得非常高兴。等车子到达酒店后，我还没忘向他道别祝好。

进入酒店后，我们去餐厅吃东西。正当我将意大利面吃到一半时，我看到比尔从外面径直向我走来。此时他的脸上已经没有了刚才的笑容，取而代之的是一种随时都会失声痛哭的表情。

比尔走过来对我的父母说："很抱歉打扰你们用餐，我实在是有些事情想向你们倾诉。"说完，他的手轻轻地在我头上抚摸了几下。

"最近我的日子过得很不顺，老婆离开了我。孩子们不愿跟我说话，我又开始酗酒。虽然我也去找过心理医生和治疗师，但他们全都没办法帮我走出阴影。今天晚上，就在你们一家上我的汽车前，我心里正在盘算着怎么结束自己的生命。"听到这里，我们都放下了刀叉，关切地注视着他。"但是，我想说的是，你们的儿子简直是个奇迹，在从机场到这里的半个小时路程中，他对我的启发超过了任何心理医生。看到这个孩子承受如此严重的病痛还能保持快乐，我顿时感到自己的生命也充满了希望，自杀的念头消失了。为此，我要对他表示真诚的感谢。"说到这里，比尔已经泪流满面，他俯下身子轻轻地亲吻了一下我的头顶，然后大步走出了酒店。

这一幕来得快去得也快，家人全都愣在当场，仿佛刚刚看了场不可思议的魔术表演，我自己更是一头雾水。我暗自思忖，我到底做了什么，居然让一个大男人热泪盈眶？我不过只是跟他聊了聊家常，逗逗他开心，我只是想表现得容易让人接近而已，这可不是什么大不了的事。

这件事一直困扰了我很多年，直到我20岁出头时才弄清楚是怎么回事。当时，我去参加一个颇有名气的演说家的报告会，这位演说家传达的内容很丰富，演讲的时候也很卖力。可不知为什么，下面的观众不是焦躁不安就是百无聊赖，坐在我旁边的一位姑娘居然睡着了。这一幕显然有些讽刺意味，既然他传达的信息很重要，那为什么大家都没兴趣听呢？

我马上就想到了答案，没错，这位演说家缺少一种沟通要素，这种要素是保证人与人交流时能感到情绪呼应和情感激发的根本，即建立情感共鸣的能力。我的结论简直像发现新大陆一样令人兴奋：沟通只不过是信息的交流，但积极沟通产生的情感共鸣，则是人性的交流。

　　现在我明白为什么比尔会那么激动了，明白为什么在我眼中看来的一段闲聊竟会改变他的人生了。因为我关注他、聆听他，甚至逗弄和取笑他，在此过程中我和比尔建立了牢固的情感共鸣。显然，这共鸣是他在多年的人际对话中所从未体验过的。

（莫阳秀　编译）

不想过每天都一样的生活

　　1999年，从技校毕业的他被分配到热电厂，被安排专门负责烧锅炉，这一干就是整整6年。

　　2005年的一个早晨，灿烂的阳光透过窗户洒在他的房间，地上有阳光和阴影组成的奇异图案。或许是那些奇异的图案让他难以平静，他在房间里走来走去，看着墙角的锅炉工手套不禁皱起了眉头。在推开房门之后，他大声地对自己说："我不想再过每天都一样的生活，我不要一辈子都在热电厂烧锅炉！"他的话惊动了晨练归来的父亲，在热电厂工作了几十年的父亲没有责备他，反而非常高兴地说："儿子，你已经24岁了，参加工作也有6年了，未来的路怎么走，我和你妈都会支持你的决定。"

　　他没有上过高中和大学，所以，他一直很希望能将自己的学业之路续上。一番权衡后，他放弃了千军万马挤独木桥的高考，转而选择了相对自由和宽松的成人自考。重拾中断了6年的学业，这对于他来说是个巨大的考验，特别是还停留在初中阶段的英语，更是让他感觉困难重重。他默默给自己制订了个计划，在学习其他科目课程的同时，每天还要专门花时间记忆 300 个英语单词。复习的过程非常枯燥，背英语单词更是考验他的毅力。但是，他总是告诉自己："我不想过每天都一样的生活，今天的努力一定能换来明天的精彩。"

有志者，事竟成。2006 年 10 月，他考完了自学考试需要的 15 科课程，并在 2007 年拿到了成人本科毕业证。然而，他的目标却不仅限于自学考试的本科文凭，他还要继续参加研究生的考试，希望去西南政法大学攻读法学硕士。

虽然他通过自学获得了本科文凭，但是对于他要继续考研的做法，却不被身边的亲友看好。有亲戚半开玩笑地说："你要是能考上，我就能用手板心煎鱼。"说完，亲戚还摊开手板心，做出一个要煎鱼的架势来。他的父母顿时都变了脸色，他却仍旧笑着说："我会加倍努力的，到时候，请大家来尝手板心煎鱼。"

他说得非常轻松，但不代表就会有任何松懈。为了备战考研，年纪轻轻的他头发大把大把地掉，脸上长满了奇怪的斑，体重也由一百多斤降到九十斤。直到参加完硕士研究生的考试，他才放下心里的负担。在考点附近的酒店房间里，他像个孩子般在母亲的怀里放声痛哭，足足有一个多小时。很快，他拿到了西南政法大学法学硕士专业的录取通知书，来家里道贺的亲友络绎不绝，其中就包括那位要在手板心煎鱼的亲戚。亲戚没办法实现手板心煎鱼的承诺，却送给了他一台笔记本电脑，算是为自己小看他的赔罪。

背着这台崭新的笔记本电脑，他在西南政法大学开始了研究生的学习。三年期间，他比别的同学更要勤奋，他常告诉自己："我没念过高中和大学，所以必须比别人更下功夫。"比别人更下功夫的他，年年拿高额奖学金和助学补贴。硕士毕业后，他甚至还将这笔钱的结余交给了自己的父母，据说是一笔不小的数目。

硕士毕业后，他立即就投入到了博士生考试的备考中。这一次，所有人都送给他诚挚的祝福，那个曾跟他开玩笑的亲戚说："这一回，你要是考不上，我才会用手板心煎鱼。"好消息在大家预料之中到来，他顺利地通过了博士生考试，成为西南政法大学博士生导师刘想树的弟子，并获得一等奖学金和免除三年学费的优待。他就是四川小伙梅傲。在心甘情愿当了6年的锅炉工后，他又花了6年的时间，从一个没念过高中和大学的技校生，成为西南政法大学的博士生。

生活并不是精雕细琢的艺术品，所以并不能按照个人的意愿来完美地呈现，但是我们却可以通过自己的努力来改变它。在所有人梦想改变时，梅傲已经开始了行动；而当所有人还在继续梦想时，梅傲已经取得了成功。明天复制今天、今天复制昨天的结果，只能让梦想变得更加遥遥无期。而梅傲这一切的取得，并不神秘，只因他有着"不想过每天都一样的生活"的信念，以及永不放弃的精神。所以，他最后终于打破了"复制"的循环，开拓出自己的天空。

（路勇）

当初想要的生活

　　最近在微博上有一篇被频频转发的热帖，是一名叫索菲亚的护士所写。因为索菲亚平时专门照顾那些临终病人，所以有机会听到很多人临终前说出他们一生里最后悔的五件事。而这五件事在微博上也同样引来了许多人的反响和热议。

　　这五件最后悔的事情是：1. 我希望当初我有勇气过自己真正想要的生活，而不是别人希望我过的生活。2. 我希望当初我没有花这么多精力在工作上。3. 我希望当初我能有勇气表达我的感受。4. 我希望当初我能和朋友保持联系。5. 我希望当初我能让自己活得开心点。

　　看着这五件最后悔的事，我感慨万千：是的，当你在生命的最后一刻才发现，好多自己梦想的生活没有实现，而你的生活、工作、感情一直以来只是围绕着别人的希望而活着。这的确是一件非常遗憾的事情啊！或者有一天，当你疾病缠身或遭遇不测时，你才突然发现这辈子没有追求自己想要的生活时，但似乎为时晚矣。

　　曾经因为工作，我们错过了对孩子成长的关注，错过了和爱人之间的卿卿我我，也错过了和朋友之间的亲密往来，我们错过了很多很多……假如我们能给自己腾出一个充足的时间，去关注他们，去亲近他们，我们也许这辈子才不会留下什么遗憾。

也许生活中，我们有太多太多的压抑，太多太多的感受，只为了不得罪人。然而，就是这样的处世态度你才渐渐成了平庸之辈，没有了自己的棱角和个性，也才有了诸多烦恼和消极的情绪。其实，当你敞开心扉，坦荡地和朋友交往，也许你们由此会成为好朋友。如果遭到对方拒绝，正好也能让你摆脱这种累人的朋友关系。但不管哪种结果如何，都不至于让你感到遗憾。

一些人，总是到临终前才终于肯放下名、权、利，却发现身边的朋友早已远去。其实在人的一生中，名利可以抛弃，唯有朋友、亲人才是我们生命中最深的惦念，就像快乐是道选择题，选择什么样的生活方式，就会有什么样的结局。有时候你以为是生活让你不快乐，其实是你自己让自己不快乐。只有到了临终的时候你才幡然醒悟，原来能有真心的微笑比什么都值得，而这又是一件多么遗憾的醒悟。

也许，在生命的最后一刻，你还有很多的遗憾，没能谈一场永存记忆的恋爱，没有注意自己的身体健康，没有去想去的地方旅行，没有对深爱的人说"谢谢"，没有认清活着的意义……其实这些都不是你生命中的遗憾，而遗憾的是你没有珍惜你曾经该拥有的一切。

生命没有第二次，别让你在生命的最后一刻留下遗憾。

（黄耀国）

值得铭记的六句名言

第一句话："你不可能因为给人一个微笑而丧失什么，因为它总是会很快地回来。"——萝安（美国公关专家）

同事递给你一杯茶，给你拿一瓶胶水，你都应该报以真诚的微笑。因为你的微笑，同事们会觉得和你在一起很快乐，很有成就感。一颗感恩的心，会让你成为一个心态平和的人，一个令人愉悦的人，一个能时刻感受生活中点点滴滴美好事物的人。

第二句话："如果你能让人觉得特别，那他们便会为你做特别的事。"——墨林（墨林广告公司创办人）

人们常说："人心齐，泰山移。""众人拾柴火焰高。"在一个团队里，有很多工作往往需要分工合作才能完成。我们身在职场，要时时处处从大局着想，认真做好分内工作，不讲代价完成分外工作，千万不要说："这不关我的事。"就算真的不关你的事，你也可以说："这件事，我帮得上什么忙吗？"因为说不定，今天是你的分外工作，明天就可能是你的本职工作。

第三句话："拥有做事的智商只是成功的一半，另外的一半则有

赖做人的情商达成。"——李契腾柏格（Clear Peak Communications 公司总裁）

有句话是这样说的："心态改变习惯，习惯改变性格，性格改变人生。"正面情绪让人如沐春风，负面情绪却令人退避三舍。职场中，每个人都可能遇到诸如工作进展缓慢、无缘无故被主管批评、工作压力太大等烦恼，从而产生负面情绪。这时，我们就要掌控好自己的情绪，做情绪的主人，不能因为自己的坏情绪让办公室变得冷若冰霜，害得同事们也跟着你遭殃。

第四句话："中国的古老俗语里隐藏着伟大的智慧——良言一句三冬暖，这也正是我的座右铭。"——考利（美国 MB—NA 银行总裁）

其实，每个人都有值得称赞的地方。平时，要试着找出他人的长处，懂得鼓舞他人，用赞美代替批评，用言语表示对他们的欣赏。有时简单的一句赞美，便会丰盈一个人的心灵，激发出他们无比的热情：当你批评别人时，不妨换个角度，将批评转化为激励成长的鼓励与赞美，这将有助于增进你在办公室里的人际关系，要记住常说：我欣赏你所做的一切！这样做真是辛苦你了！谢谢你为我付出！还是你的看法比较好！

第五句话："对上司谦虚，是一种责任；对同僚谦虚，是一种礼遇；对部属谦虚，是一种尊重。"——富兰克林（美国政治家和哲学家）

人们常说："满招损，谦受益。"的确，谦逊是一种宝贵的美德，建立友善关系，基本礼貌不可少。职场中，你给对方以礼，对方也会待你以敬，这样才能建立一种持久的良好关系。让谦虚表现修养，创造机会，铸就人生的成功！

第六句话：帮助他人获得他们所要的，然后你将会获得你所要的。——艾许（玫琳凯化妆品公司创办人）

有句话叫作："帮助别人，成就自己。"在团队里，每个人的学历、能力都不同，成长的速度也不一样。如果你是一个资深员工，就不要吝惜分享自己成功或失败的经验，用恰当的方式帮助"落后"的员工成长。即使他不是你部门的人，你也要尽可能地提供协助。因为在别人成长的同时，你既可以赢得人气指数，同时，也让自己获得了成长进步。

（朱吉红）

给自己一个悬崖

　　有一个人捡到一只小鸟，就将这只小鸟带回家里，给他的孩子玩耍，孩子将小鸟放在家里与小鸡一块饲养。慢慢地，小鸟长大了，人们才发现，这只小鸟原来是一只鹰。虽然这只鹰和鸡群相处得很好，但总有人家里丢鸡，人们就怀疑是这只鹰吃了鸡，强烈要求主人将这只鹰处死，这家主人舍不得，但迫于大家的压力，他决定放生这只鹰。但是，不管主人将它放到什么地方，它总能回到村子里来。有一个人说他有办法，就将鹰带到了一个悬崖边上，他将鹰向深沟里扔去，那只鹰一开始，就像是一块石头掉下悬崖，直直地向下坠落，眼看就要到崖底了，鹰突然展开了翅膀，竟然奇迹般地飞了起来，而且越飞越高，越飞越远，再也没有回来。

　　鹰本来是有翅膀的，能飞很高很远，但是，在一群鸡的世界里，它已经被同化了。没有经过锻炼，又贪恋温暖舒适的鸡窝，渐渐地，也就失去了翱翔蓝天的勇气和信心。要是没有人将它扔下悬崖，它永远不可能飞上蓝天，寻找属于自己的世界。

　　很多时候，我们却不敢面对这样的悬崖。

　　美国有一个作曲家乔治·格什温，他从来没有写过交响曲，而当时美国最著名的斯坎德爵士乐团的一名指挥家，却对他十分赏识，邀请他为交响乐团写一部交响曲，但是，固执的格什温声称自己对交响乐一窍不通，不肯从命。这位指挥家竟然在报纸上刊登了一则广告，说二十天后，音乐厅将上演格什温的交响乐《蓝色狂想曲》。格什温看到广告，大惊失色，质问指挥家为何令他出丑，指挥家微笑着说，反正，全城人都知道了，你看着办吧。格什温没办法，只好将自己关在屋子里，硬是用两周的时间，完成了这部作品。谁知首场演出竟大获成功，格什温的名气也迅速传遍美国。

　　有些时候，我们确实需要紧逼的力量，使自己获得重生，让生命之树开出更加绚烂的花。

　　人总是对现有的东西不忍放弃，对舒适平稳的生活恋恋不舍。但是，一个人要想让自己的人生有所突破，就必须明白，在关键的时刻，应该把自己带到人生的悬崖边上，在看似深渊的边缘，才有可能获得另一片蓝天。

（野水）

树立看得见的目标

　　这是一个流传很久的故事。几十年前席卷全球的经济危机，使英美等国的经济陷入了萧条期，也使一户单亲家庭的生活质量急剧下降，直至陷入生存危机。于是，单亲妈妈便召集家中所有正处于发育期的孩子们，来商量如何渡过难关。只见她拿出了一个铁罐，对孩子们说："这里面有我们家最后一笔存款，只要拿出来，就可以帮我们渡过难关。我们应该讨论一下，该不该使用这最后一笔存款。"最后，全家人达成了共识，不到最后关头，绝不动用。对这笔最后存款，孩子们充满了"信心"。后来，困难时期终于挺过去了，当年的孩子们也都有了自己的孩子。在一次家庭聚会上，当年的孩子们提出应该打开罐子，看看支撑他们渡过一次次难关的"最后存款"，到底是一笔有着怎样数额的巨款。铁罐打开了。结果，罐子里面哪有什么"存款"，有的只是一叠作为填充物的旧报纸。其实，有看得见的希望便有信心，有信心便会产生动力，并以顽强的毅力和耐心去克服种种困难，最后到达胜利的彼岸。

　　心理学家做过这样一个实验：把一只小白鼠放到一个装满水的

水池中心。这个水池尽管很大，但依然在小白鼠游泳能力可及的范围之内。

小白鼠落入水中后，并没有马上游动，而是转着圈子，发出"吱吱"的叫声。小白鼠的胡须是一个精确的方位探测器，它的叫声传到水池边沿，声波又反射回来，由此判定水池的大小以及自己所在的位置，然后它不慌不忙地朝岸边游去。

心理学家把另一只小白鼠的胡须剪掉后，同样放入水中。小白鼠又发出"吱吱"的叫声，但是由于"探测器"不复存在，它探测不到反射回来的声波。几分钟后，小白鼠沉至水底淹死了。

心理学家解释：第二只小白鼠不是因剪掉的胡须而死的，而是被"无论如何也游不出去"的意念杀死的。

人生路上，每个人都可能遇到小白鼠落入的"水池"，即逆境、困境。有些人在此时就像被剪掉胡须的小白鼠一样，以为横亘在面前的是海洋，无论如何也游不出去，更放弃了最后一搏的希望和信念，最后淹没在很浅很窄的"水池"里。

因此，这个世界上，没有绝望的处境，只有对处境绝望的人。在我们周围，绝大多数人都有过对未来美好生活的憧憬。但真正达到目标，实现了理想的人却少之又少。而究其原因，是产生理想的意念与实现理想的这个目标过程太长，其间会有许多因素改变一个人的人生观和世界观走向。如果我们不能树立明确、清晰的人生目标，以至于让目标云遮雾罩、时隐时现，那么当我们向目标奋进时，便无法知道我们自己究竟向目标靠近了多少，无法体味日益抵达成功的成就感，我们的心灵就会倦怠，热情就会受挫，直至失去毅力和耐心，落得个前功尽弃。

1952年7月4日清晨，加利福尼亚海岸浓雾弥漫。在海岸以西21英里的塔林纳岛上，一个叫费罗伦斯·查德威克的34岁女人涉水太平洋中，开始向加州海岸游去。海上雾很大，她连护送她的船都几乎看不见。海水冻得她身体发麻。时间一个小时一个小时过去，她仍然在坚持。15个小时过后，她放弃了，认为自己不能再游了，就叫人拉她上船。她的母亲和教练在另一条船上，他们都告诉她海岸很近了，让她不要放弃。但她朝加州海上望去，除了浓雾什么也看不见。几十分钟之后，人们把她拉上船。上船的地点离加州海岸只有半英里！查德威克一生就只有这次没有坚持到底。两个月之后，她成功地游过同一个海峡。她不但是第一位游过卡塔林纳海峡的女性，而且比男子的纪录还快了大约两个小时。

究竟是什么原因造成了查德威克一生中唯一的遗憾？是疲劳，还是寒冷？查德威克的回答让很多人感到意外。她说，都不是。她之所以半途而废，仅仅是因为她在迷雾中看不到目标。

其实，人生也是相似的道理。在现实生活中，多数人在实现梦想的路上之所以会半途而废，原因就是没有"看得见"的目标，前途茫茫，希望不再，信心崩溃。

是的，比身体劳累更可怕的，是心灵的疲惫；比恶劣的处境更残酷的，是信心的绝望。而清楚地看到自己不断地向目标迈进，恰是治疗心里疲惫的良药，是一切动力的源泉。当我们雄心勃勃、踌躇满志地走向未来时，莫忘要确定具体的、可以实现的目标——让目标"看得见"。因为，只有"看得见"的目标，才能让人充满信心、满怀希望，才有可能最终到达。

（章剑和）

小善，亦若水

他曾是一位农民工。1990年，他带着十余个人七八把泥瓦刀来到了省会郑州闯世界。

农民工最苦的日子是夏天。由于是室外作业，他们每天都要顶着三十多摄氏度的高温劳作。热点倒也没有什么，最让人难以忍受的是干渴。矿泉水是不敢奢望的，因为，一瓶矿泉水需要1元钱，这对于农民工来说，简直奢侈。一次，他实在口渴难忍，就用手捧着地上的脏水喝。这时，旁边居住的一位大嫂看见了，就给他端来了一碗水。他喝着甘甜的水，心里暗暗告诉自己：等我以后有钱了，一定要回报社会！

8年后，他果真有了钱。一天，他开车路过中州大道。这里有很多工地，许多农民工正在烈日下劳作。此情此景，让他想起了自己当年，想起了那位给自己端水喝的大嫂，也想起了自己曾经发过的誓言。他认为，是该实现自己的誓言的时候了。

第二天，郑州中州大道与郑汴大道、农业路、东风路交叉口的立交桥下，突然出现了一台饮水机。饮水机的上面贴着一张纸条，上面写着"农民工免费饮用"。开始，前来休息的农民工不敢相信，天底下哪有这样的好事儿？可是，当他们试过之后，才知道这饮水机真的不要钱。农民工喝到了甘甜的纯净水，想感谢这位送水的人，可是，他却开着车走了。大家不知道他的名字，便都叫他送水哥。

一个人做一件好事并不难，难的是坚持把这件好事做下去。开始，他是买水送。随着用水量的增加，他有些吃不消。于是，他买了一台制水机，自己制造纯净水。一桶水需要20分钟，平均每天需要送水18桶左右，这就需要6个多小时。为了能够按时把水送到送水点，他每天早晨4点钟就起床制造纯净水。不仅如此，因为送水，他还耽误了自己的生意。以前，他每年要挣到20万左右。可自从送水后，他每年收入就下降到5万元左右。甚至，因为经费问题，他只好借钱送水。

2011年暑假，上高中的儿子看到别人家的孩子都有电脑，便求他也买一台。可是，为了给农民工送水，他已经花完了所有的积蓄。况且，整个夏天又不能出去挣钱。所以，他对儿子说："等等吧，到了秋季，爸爸挣到钱，一定给你买电脑！"他刚把儿子安抚住，邻居又找上门来。原来，因为水桶多，屋里放不下，占据了楼道，邻居因此提出了抗议。他笑脸相迎，连连道歉，这才把邻居劝了回去。老婆生气地说："你看你，为了做好事，落了一个里外不是人！"他笑着说："每天能做一件好事，夜里睡觉我都觉得舒坦！"

他的名字叫李老发，他为农民工免费送水已坚持了三年。他的事情被媒体曝光后，不少爱心人士纷纷伸出了援助之手。原来抱怨的邻居也不好意思地对他说："以后扛水桶的时候，你一定要喊一声，我要跟你一起干！"一对老夫妇送来了3个水桶，还有30多位爱心人士捐献了一批T恤衫和日用品，托李老发发送给农民工。采访的时候，李老发一再强调说："我只是做了一件微不足道的善事，实在是不值得一提！"

老子曰："上善若水，水善利万物而不争。"意思是说，最高境界的善行就像水的品行一样，滋润着万物而不争名利。李老发说他行的是小善，而这个小善，亦若水呀。

（田野）

不　　忍

　　忍，是中国文化中一个底蕴深厚的字，可以解释、延伸为"温良恭俭让"五种美德，传统意义上的修身养性，实质上也是一种追求"内圣外贤"、克己奉人的过程。所以，"君子有所为有所不为"，其实就是"有所忍有所不忍"。

　　前段时间我从沿海地区到北方一座城市出差，顺路转回了故乡的小镇想看看过去的人和物。下了火车，立即有许多三轮车踩了过来，一个个精壮的汉子纷纷要揽我这桩生意，我却发现有一个花白头发和山羊胡子的老人也混在其中，便上了他的车，因为也许十多年前我还在家门口看见他担着一挑儿水豆腐走街串巷呢。小镇的变化真大，高楼、广场、商业城、邮电中心从浅街陌巷中屹立，胼手胝足的人们肩扛手提、叫买叫卖，宁静而清贫的故乡终于在经济发展中苏醒过来了。然而拉车的老人却似乎没有什么心思和我聊聊，正埋着头、躬着腰、左右摇晃地蹬车爬坡，背上一片阴湿。老的拉小的，弱的驮壮的，这老人一大把年纪仍拼命赚几个辛苦钱，虽与他素不相识且也是付钱的享受，我还是一下子自觉惭愧、心生恻隐，赶紧从车上跳了下来。老人以为我要变卦，脸上憋得通红，直摆手硬要我上车，我只好说想边走边逛逛。渐渐地老人打开了话匣子，说他有个小女儿也在广州上大学哩，说他家里盖了三间砖房、添了大彩电哩。说说笑笑到了目的地，我特意多加了2元车价给老人，老人开始不肯接，后来便拱手作揖地谢了。2元钱算什么，在南方还不够个小费，却可以让老人少拉趟车，也让我少一次"于心不忍"，超值呢！

是为一"不忍"。"老吾老以及人之老，幼吾幼以及人之幼"，应是每一个人的本性所趋，不该沾沾自喜、大书特书，无奈现代人的同情心在被各种占有欲促狭之后，已经弥足珍贵了。大款们宁愿金屋藏娇地包小姐，也不愿包一个贫困山区的孩子上一年学；宁愿送一幢百万元的别墅给明星，也不愿给希望工程送一张课桌。这就是一种麻木不仁了，因为他们穷得只剩下钱，所以有人说不仅要"扶贫"还要"扶富"，不仅要"救救孩子"还要"救救富人"。

在如今这个道德滑坡、人心不古的现象屡屡发生的社会环境下，还有另一个"不忍"需要标榜起来。

那是个发生在电车里的故事。周末的车厢，像一个罐头盒，大家你挨着我、我挨着你格外紧密地站在一起，又面若冰霜、彼此自顾自地护着身上的东西。毫不意外，我又看见"三只手"出现了，一个满面横肉的壮汉正用力向一个漂亮女孩靠拢，眼睛毫无顾忌地盯着她肩上斜挎的一只手袋。我相信边上几个男同胞都看见了，但哥儿们却转而"顾左右而言他",一副无辜的样子。我只好有意在姑娘的高跟鞋上用力踩了一脚,这小姐果然杏眼圆睁,一阵机关枪似的粗语从贝齿间进到我身上,引得车内一片喧哗。当小偷愤恨的双眼终于懂得恶狠狠地盯住我时,我知道任务已经完成,不禁大叫一声"落车",溜之大吉。

世界上有道德的人很多,但有勇气的人却很少;只有极少数人有胆作恶,却有很多人没胆抗争。当圆滑老练的世人在罪恶面前退身自保时,出现了几个慷慨悲歌、壮怀激烈的性情中人或者所谓"匹夫",仗义执言或者拔刀相助,一时成为英雄好汉,只是因为身上有一种"是可忍而孰不可忍"的气概罢了。

在一个正在快速迈向文明、富足的时代里,正是因为有人对许多事有所"不忍",善良和勇敢才不至于只是一个神话和传说!

（吴观）

摆脱烦恼痛苦的13种方法

人生并不总是鸟语花香，碰到烦恼痛苦乃是常有的事。

但聪明人知道，烦恼痛苦于工作不利，于健康不利，因此总是以积极的态度对待它，并极善于从容巧妙地从烦恼痛苦中走出。

摆脱烦恼痛苦的方法很多，这就介绍几个供您参考。

1. 转移取代法——学学柳宗元，来个"移情别恋"！

假如您因为某种原因陷入了烦恼，说明您还没能摆脱那个烦恼的阴影，既然如此，就不妨努力形成新的兴奋中心，用新的"兴趣"取代旧的烦闷！至于这新的"兴趣"究竟是什么，您尽可以打开思路细细地找，如旅游、钓鱼、下棋、打球等皆是。

比如柳宗元被贬永州，想必也烦闷过，气恼过，但他却挺从容挺豁达，他不仅索性扔掉了烦闷，还来到江边挺认真挺投入地钓起鱼来，请听他写的《江雪》："千山鸟飞绝，万径人踪灭，孤舟蓑笠翁，独钓寒江雪。"

真妙！就这么来了个"移情别恋"，心境也就立刻好多了。

2. 宽容谦让法——学学弥勒佛，来个大肚能容！

古人有言："君子坦荡荡，小人长戚戚。"意思是说，有修养的人从不小肚鸡肠，即便吃了亏也不在乎，更不会因此而耿耿于怀，自己把自己折磨得寝食不安。

不是吗？稍稍吃了点亏就憋闷得死去活来，岂不是太没出息！既然如此，何不宽容点！

正如那大海，之所以辽阔壮观，无涯无际，凭什么？不就是因为它极善包容吗？既然如此，学学那笑盈盈乐呵呵的弥勒佛吧！盘腿一坐，也来个"大肚能容，容天下难容之事；开口就笑，笑天下可笑之人"？

3. 卓然超脱法——学学王一生，来个超然物外！

有句古诗"酒色财气四道墙，人人都在里面藏，你若从容跳出来，不是神仙也寿长。"这诗挺启发人，意即：圆于名利的人苦恼特别多，如能淡泊名利，看穿想透，那才叫卓然独立呢！

正如阿城在《棋王》一书中塑的知青王一生，就在别的知青为了能早日回城而苦恼万分奔忙万状时，他却从从容容地以棋会友，以棋为生，他觉得，只要衣食有了着落，就不必悲悲切切，哭哭啼啼，果然，与他的同辈比，他活得最为轻松也最为自在！

学学谁？就学学这个超凡脱俗的王一生！

4. 木已成舟法——学学孟敏，把烦恼抛到九霄云外！

所谓木已成舟，就是经过比较后认定，已经既成事实，扔掉烦闷才叫聪明！

　　《资治通鉴》中有个故事，汉灵帝时，太原孟敏行途中，不慎失手打碎瓦甑，只见他掉头不顾，径直前行，名士郭泰奇之，问其故，答曰；"瓦甑已破，不复能用，顾之何益？"

　　请注意，这里的孟敏就特聪明，对于已有的损失，他不仅没有号哭悲啼，而且干脆利索，来了个掉头不顾径直前行！于是也就给了我们一个重要的启发，这就是，为了前进，我们必须善于学会权衡利弊，认定豁达开通远胜于苦恼烦闷，正如那孟敏，如果打碎瓦甑后便自艾自怨，便可怜兮兮，便哭哭啼啼做黛玉葬花状，他能径直前行吗？

　　既然如此，何不学学孟敏，毫不犹豫地把苦恼抛到九霄云外，也来个"轻装前进"！

　　5. 从容冷静法——学学阎敬铭，也来一首《不气歌》！

　　每当想起周瑜，总觉得他死得太划不来！不是吗？本来飒爽英姿活得挺自在，却偏要小肚鸡肠气来气去，结果非但没气着诸葛亮，还硬是把自己活生生地气死了。于是突地有了个想法，如果周输也读过《不气歌》，那该多好！

　　这《不气歌》是清代东阁大学士阎敬铭写的，全文如下：他人气我我不气，我本无心他来气，倘若生病中他计，气下病来无人替，请来医生将病治，反说气病治非易，气之为害大可惧，诚恐因病将命废，我今尝过气中味，不气不气真不气。

　　说得太对了！别人气时我不气，这难道不是一种最大的聪明？

既然如此，何不牢记《不气歌》？

6. 自我安慰法——学学小狐狸，来个"酸葡萄效应"！

有个著名寓言，小狐狸蹦跳再三，没吃到架子上的葡萄，就说了一句：没错！这葡萄肯定是酸的！

千百年来，人们都在批评狐狸，笑他无能，说他无奈。

其实，从心理学角度看，这"酸葡萄"一说正好意味着狐狸的高明：既然怀念"葡萄"只会使自己格外难过格外痛苦，何不把它想象成酸的！

因此，想办法淡化忧愁心理，无疑是高明的！

7. 及时调整法——学学聪明的农夫，别和最好的比！

有个外国寓言。花天酒地的国王郁郁寡欢，就外出寻觅快乐，他看到一个穷苦的农夫正在放声高唱，就问："你快乐吗？"农夫回答："当然快乐。"国王颇感费解："你这么穷，也能有快乐？"农夫回答："和您比，我的贫穷也许算不上快乐，您穿着那么漂亮的鞋，我的鞋却破得前后都是窟窿，但我何必选择苦恼呢，和那些不幸失去双腿的人比，我难道不快乐吗？"

寓言挺短，但足以说明一个重要的道理，这就是，所谓快乐不过是一种感觉，而感觉又往往来自比较：和最快乐的人比，自己的快乐常会显得微不足道，与不快乐的人比，自己的那份快乐才会显得格外有光彩。

于是想起了鲁迅先生的话："幻想飞得太高，摔下来伤势也就会格外沉重。"不是吗？许多人之所以苦恼万分，不正是因为自己的目标太高太远才一再落空的吗？正所谓；期望值越高，失望的苦恼也就越甚，既然如此，何不及时调整一下自己的期望值——实际一点，现实一点，如此一调整，自然会觉得轻松得多！

8. 提炼升华法——学学珍珠贝，把苦难变成珍珠！

苦难是苦的，但，治病救人的药不也是苦的吗？

既然如此，当苦难不期而至时，就不妨挺起胸膛坦然接受，把那苦难当成磨炼意志的一个绝好机会！

这才叫脱俗！这才叫大气魄！

正如海里的珍珠贝，当沙子突然掉进自己的壳里，把自己折磨得苦不堪言时，珍珠贝不仅没有拒绝那苦难，还索性把那苦难紧紧地搂在了怀里，天长日久，咬紧牙关，终于把那苦难变成了亮闪闪的珍珠！

是的，珍珠贝给人的启发太深刻了，既然如此，何不学学珍珠贝，接过苦难，来个升华，把痛苦也变成一颗亮晶晶的珍珠！

9. 自我提醒法——学学林则徐，牢记"制怒"二字。

影片《林则徐》中有个情节，林则徐每每发怒时，总要抬头看看自己写的那幅贴在墙上的题词，题词只有两个字——制怒！

这说明，林大人是完全知道"怒"的害处的，既然"怒"有百害而无一利，就理应用冷静代替愤怒，这道理正如一句民谚说的：生气时踢石头，疼的只能是自己的脚！

既然生气无益，何不学学林大人，也来个"制怒"！

学会有效地控制自己吧！千万别轻易地发火动气——这不是无奈，而是深刻！

10. 幽默自慰法——抓住时机，来个自我解嘲！

应该说，不期而至的尴尬也是种痛苦，它常常使人猝不及防，突然陷入狼狈与困境，那么，当此类痛苦突然出现时，怎么办？

挺简单，"自我解嘲"就是了。

比如，您正要点燃您的香烟，突然一阵风吹来，香烟没点着，您的领带却"熊熊燃烧"起来，人们也哄的一声笑了。这时，您肯定觉得特气恼，特窝囊，但，您何必气呢？只要来个自我解嘲，您就能立刻创造出一个真正的奇迹！比如，就在这时您说了一句："朋友们，千万别笑，应该庆贺才对，幸亏这是领带而不是炸药桶，否则咱们全得壮烈牺牲！"信不信？就凭这一句，人们准得夸您妙语连珠！不仅不会嘲笑您，还会觉得您特别聪明特有水平！

这叫什么？这就叫变山穷水尽为柳暗花明！既然如此，当尴尬突至时凭什么不幽它一默，也来个自我解嘲！

11. 主动躲避法——学学鸵鸟，把脑袋藏到沙子里去！

有些不愉快是有"先兆"的，一但"先兆"出现，就不妨及时地躲开！

这使人想起了沙漠里的鸵鸟！每当大风暴来临，它总要把自己的脑袋藏在沙子里，等风暴过后再继续前进！您瞧，鸵鸟躲开风暴的做法不是挺有道理吗？

如此看来，为了及时躲开烦恼的袭击，人们的确有必要学学鸵鸟，等"风沙"过去后再继续我们的工作，换言之，凡是可能引起不愉快的地方，就理应不去，少去，"躲进小楼成一统，管它冬夏与春秋。

12. 宣泄释放法——学学火山，别憋着，有火就立刻喷发！

应该说，痛苦也是种"能量"。

而所有的能量都在盼着释放，这是一条真理！如不及时释放，只会造成某种严重的破坏！自然，只有让那"能量"及时喷发出来，才能避免这种"破坏"！

有个外国幽默，有位诗人心里憋闷，就找到一位老人诉苦，老人提醒他："既然如此，何不大声点，把您心中的憋闷全吐出来。"于是诗人立即高声朗诵了三声"啊——，啊——，啊——"等诗人朗诵完了，老人问："怎么样？是不是好点了？"诗人点点头说："嗯，果然好多了！"——这本是一个挖苦"诗人"的小笑话，但换个角度看，老者的高明之处，不就在于他在及时指点人来了个"宣泄""释放"吗？

因此，当苦痛烦恼突然袭来时，先来个合适的方式宣泄一番，无疑意味着一种明智。

13. 及时忘却法——不妨跟着魔鬼走，来杯忘情水！

歌德的名著《浮士德》中有个情节，浮士德失去玛甘泪后，十分痛苦，魔鬼就把他背到一个山清水秀之处，指点小精灵们用迷魂川水给他洗了个澡，何谓迷魂川水？说白了，不就是所谓的忘情水吗？果然，就这么一洗，他就立即忘掉了原来的痛苦，再一次变得朝气勃勃起来！

原来，及时忘却也是一种智慧！

于是突地想起了一首挺时髦的歌《忘情水》，想起了歌中几句挺意味深长的歌词："给我一杯忘情水，换我一夜不流泪……给我一杯忘情水，换我一生不伤悲……"

不是吗？既然痛苦伤人，凭什么不及时忘记它！

好。该打住了。该用"天王盖地虎，宝塔镇河妖"这句俏皮话结束这篇文字了，这就是，痛苦与烦恼是"地虎"，是"河妖"，战胜它们的诸多技巧才是"天王"才是"宝塔"，自然，笔者也要强调一句，笔者介绍上述方法的目的，绝不是在提倡消极逃避的人生态度，更不是要在鼓吹什么阿Q精神，而是说，既然烦恼与痛苦是一种于健康无益，于工作无益的心理反应，就理应森严壁垒——防范它！就理应力挽狂澜——战胜它！

（张玉庭）

他的眼睛长在心上

今年37岁的达隆特·格特艾是一位先天性盲人，让人难以想象的是，他同时还是一位微型雕刻大师。

达隆特从小看不见任何东西，也不能和别的小朋友一起玩，他甚至无法知道自己的父母究竟长什么样。尽管如此，小达隆特却依旧特别热爱生活，他喜欢用手去亲近和认识每一个事物，并且把摸过的任何东西都深深地记在脑子里。在残疾人小学读书时，别的盲人孩子都只是学一些口语和其他知识，但达隆特却坚持要学会书写。

为了掌握字母，小达隆特让父亲给他买了一套塑料字母玩具。刚开始，他的父亲把塑料字母固定在一块木板上让他摸着认。到后来，他随手从地上捡起一个，只要拿在手上一摸，就能轻易地分辨出来。

小学快毕业的时候，有一次他的父亲在园子里修剪树枝，好奇的达隆特东摸西摸地从地上捡起一些树枝，他想认识一下父亲剪下来的枝头究竟是什么样的。摸着摸着，他忍不住轻轻地自言自语起来："上面再短一些，它就成了'Y'……这个杈枝的两侧如果再短一点，它完全就是一个'T'……"达隆特这样一个个地摸着，突然他兴奋地喊："父亲，给我一把刀！"

"刀？太危险了，你想做什么？"父亲惊诧地问。

"我也想'修剪'这些树枝！"达隆特神秘地说。父亲帮他拿来一把小刀，达隆特竟然根据手感，把那些形状各异的树枝"雕"成了好几个看上去完全是正规印刷版本的字母。

经过这一次，达隆特似乎一下子迷恋上了"雕刻"。因为手的接触面有限，所以达隆特对雕刻小物件特别感兴趣。每次开雕前，他先把那些东西放在手中把玩老半天，等完全在脑子里记下后，才开始动手雕刻。达隆特的手指灵敏度似乎异于常人，任何一点细小的东西，他都能够灵敏地感受到，并且刻到作品中。

时间一天天过去，他用小木头刻出来的东西越来越多，技艺也越来越好，从小挂锁到茶缸，从台灯到闹钟，从大到小，由简到繁，达隆特一天一天地进步着。

走出校门后，达隆特再也不满足于自己在家里闭门造车，他决定要走出去学习更好的微雕技艺。在之后的几年时间里，他先后虚心走访求教了全英国的十来位微雕大师，吸收了不少知识，雕刻技艺得到了突飞猛进的提高。不懈追求的达隆特向更微小更精细的雕刻发起了挑战，在之后的十几年时间里，他在一切只靠手感的情况下，把一颗只有黄豆般大的珍珠刻成了一座宫殿，把一粒米刻成了一辆小汽车……

　　2010年秋，英国皇家雕塑家协会为了倡导环境保护和节约资源，特别举办了一次以此为主题的微雕艺术展览，并事先邀请达隆特参加。达隆特请人帮忙到校园的垃圾箱里捡来几十个废弃的铅笔头，在每个笔尖上雕成一个字母，最后他拼起了一句话："Make a better place for you and for me.（为你，为我，创造一个更美好的世界。）"几乎所有的参观者都为之发出惊叹："达隆特拥有一双长着双眼的手！"

　　对于这种评价，皇家雕塑家协会主席布赖恩·福肯布里奇却并不认同，他在展会中这样对参观者们说："达隆特·格特艾的手上并没有长眼睛，他的眼睛在心里，是那种为了理想不懈追求，不断挑战和超越自我的毅力，让他的世界充满了光明！"

（兰溪）

八世爱

　　还记得当时年少，正月里，镇上请来戏班，一唱就是半个月。那是他们的节日，每天傍晚，他早早吃完饭，在她家的院墙外候着。等她慌慌张张地出来，便携了她的手，急慌慌地往戏场赶。赶到镇上时，戏通常已经开场。灯光打在台上女子明艳俏丽的脸上，女子扬起水袖，低首碎步，身段袅袅娜娜，唱腔幽怨婉转，她的心，也在铿锵顿挫的鼓点中起起伏伏。他在她身边坐着，眼睛不看台上，却只凝视着身旁的她。她低头，她蹙眉，她欢喜，她涕泪涟涟。他的心，便也跟着辗转起伏。

　　那一夜唱的是《七世夫妻》，男女主角是天庭的金童玉女，只因玉帝在天庭欢宴群仙时，金童不慎摔破酒杯，玉女为安慰金童，便对他展颜一笑。这一笑的代价，是他们双双被贬红尘，且被罚：配为夫妻，却不许成婚。七世苦苦相恋，却难成眷属。一世里，他是万喜良，她是孟姜女，万喜良被缉赴边塞造城，到塞三日身亡，孟姜女过关寻夫，哭倒长城，后投河而死；二世里，他是梁山伯，她是祝英台，生不能同衾，死后化蝶比翼双飞……一出戏，台上的人悲切哀怨，台下的她泪湿香帕。

戏散场，他携她回家，她悲思难收，一路哽咽。他忧心如焚，不知该如何安慰，情急之下，脱口而出："你我有缘，七世不离散，八世做夫妻。"她诧异地盯着他看，心跳如鼓，脸，慢慢地羞成娇红。

那年，他16，她15。她和他的家，只隔着一条街。

她长成俊眉秀目的姑娘，像春天里枝头上绽开的第一朵桃花，鲜润饱满，走到哪里便芬芳地开在哪里。有富家少爷来求婚，她不允。父母逼得急，她索性横下一条心：除了海哥，我谁也不嫁。

自然是不许的，他们两家，只隔着一条街，却有世仇。而且，他穷，家徒四壁。她的房门被落下重锁，父亲硬邦邦地撂下话：想嫁他，除非我死。

夜里，他来到她的窗下，小声叫她的名字。他说，那户人家，我去打听过了，家底殷实，人也俊朗，你嫁过去，会有好日子过的。她隔着窗子啐他：没良心的，当初是谁许下的八世夫妻？你若不带我走，我就撞死在这墙上！

那一夜，他隔着窗户与她商定：你等着，明天，我去镇上把家传的那对玉镯卖了，凑足了路费，就带你离开这儿。我们找个安静的地方，最好是在海边，盖一所房子，你结网，我打鱼，日出而作，日落而息，我们做八世的夫妻……他的眼睛，在黑夜里闪着灼灼的光。

她扳着窗棂，娇俏的脸像天上的满月，幸福的光芒把暗夜都照亮了。那一夜，她欢喜着，焦虑着，憧憬着，慌张着，娇羞着，彻夜未眠。夜那么长，天似乎永远都不会亮了。

没想到，他这一去，却再也没有回来。她等了一天，两天，第三天，父亲打开门放她出来。父亲说，听人说，阿海那小子，在镇上遇上当兵的，被抓去当了壮丁……你还是找个人，嫁了吧。

她当即就蒙了，疯了一般往海边跑。是的，他答应她的，要带她去海的那一边，找一个安静的地方，过平淡幸福的生活，做八世的夫妻。可他，却失了言。她跪在潮湿的沙滩上，泪，一捧一捧地跌落。

那是1949年，那年的春天和往常没什么两样。可是她，却失去了最心爱的人，灿然绽放的青春，从此就暗淡了下去。整颗心，都沧桑了。

她没有嫁人，青灯，长夜，在思念和回忆中，慢慢生了华发。

她守着，一年又一年，一直到2009年。

他回来了，被一个年轻的男孩子捧着，回来看她。他藏在一个小匣子里，任她摸着，却摸不出轮廓。她的记忆里，还是他棱角分明的脸膛，高壮笔挺的身架，笑起来，像洪钟一样，震她的耳膜。她奇怪，他那样健壮高大的身躯，怎么能藏在那个小匣子里？

她的眼睛瞎了，重度白内障。

男孩子读他给她的遗言：秀春，对不起。第九世，我们一定做最恩爱的夫妻。她的手轻轻抚摸那个匣子，没有眼泪。她把他藏身的小匣子仔细擦干净，在枕头旁放了七天。每夜，她抱着他，絮絮叨叨地跟他说那七生七世里相爱却不能相守的故事，说60年前的那个夜晚，说她对他的想念……她笑，说，海哥，你怎么就扔下我自己走了呢？笑着笑着，就哽咽了。

2009年的春天，窗外桃红柳绿。没有人知道，这对隔了60年的恋人，在这一时刻相聚。她想把那出戏改成《八世夫妻》，第八世里，她是董秀春，他是徐海辰。

（卫宣利）

我的银匙

　　每个人都天生具有一种实现命运的天资和能力。你所出生的那个家庭，只是一个准备好的舞台，你将会从这个舞台开始你的人生。在这个舞台上，有专门为你设计的钥匙，以便帮你解开舞台设置中的秘密。梦想和愿望通常就是最终产品，不是如何实现或何时实现，而是结果。

　　我们需要专注于自己所拥有的宏大蓝图（梦想和愿望）和钥匙（天资和能力），而不要关注我们能够或者应该拥有其他人所拥有的东西。

　　曾经有一名男子对我说起他事业之所以不成功，是因为他没有含着银匙出生，所以，我请他到我家吃饭。他来了。我在餐桌上只摆放了一只银匙，是给我用的。我给他肥皂和水洗手，好让他用手来吃。他感到很惊讶，就问这是为什么？

　　我对他说，答案在饭后（最终产品、结果）就会知道。

　　饭后，我问他是否喜欢我做的饭菜。他说，是的！

　　我问他是否吃饱了，他给出的回答是，是的！

　　我问他的手是否受伤了，他的回答是，没有，我没事。（获得了最终产品和结果）

　　没有含着银匙出生，并不会也不可能阻止你吃热饭，更不会阻止你成为你注定要成为的人。上天为我们选择了我们要走的路，我们则要选择该如何走完这条路。

译自《励志网》（陈荣生　译）

芙蓉面

灾难是在凌晨降临的。好像整个世界都在燃烧。她从浓烟滚滚的屋子里跑出,一头栽倒。多天后纱布从她脸上揭开,镜子里,一张瘢痕累累的脸。

那时她正读小学。半年后重新回到学校,一些不懂事的孩子送她一个外号:花脸。

只是大火并没有夺去她清澈的声音。她有黄鹂鸟般的嗓子。

大学毕业后她去了市广播电台。她认为只有这个职业才适合自己。这是一档娱乐互动节目,她在节目里播放流行歌曲,给听众猜有趣的谜语。每天都会有一个男人打电话过来,点播歌曲或者猜谜。男人彬彬有礼,声音极富磁性。她静静地听,浅浅地笑,心底升起暖暖的感觉。男人不断变换着名字,可是只要听到那声熟悉的"你好",她就知道是他。

台里为幸运听众准备了一些小奖品,那天他在电话里问她,领奖品的时候,能不能见到你啊?她愣了愣,飞快地切断电话,慌慌地放一曲音乐。

多长时间没哭过了？然而今天，她却流下了眼泪。

男人开始给她寄明信片。开始一月一张，后来一周一张，再后来一天一张。她盼他的明信片，可是盼来了，却又烦躁和紧张。她知道他们之间不可能发生任何故事。因为她的脸。

那天男人在电话里出一个谜语给她猜。男人说，"芙蓉面，打一京剧行当"。没等她多想，男人就得意扬扬地告诉她，是"花脸"啊！她长时间待在那里，泪流成河。下节目后，她告诉导播，以后不要接男人的电话。还有，只要他寄来明信片，就全部退回去。

她认为男人伤害了她。尽管男人是无辜的。

一个月后的一个深夜，她下班走出电台大门，忽然发现路边站着一个男人。英俊的，高高瘦瘦。她的心狂跳起来。她从未见过他，可她知道是他。她静静地从他身边走过去，挥手拦下一辆出租车。她知道男人在她身后看着她。她感到一种切肤的痛。

那以后每天男人都站在那里。是一年中最冷的时候，男人不停地跺脚，盯紧每一位从电台走出来的女孩。终于，当她急急地从男人身边经过时，男人拦住了她。男人说你好。这熟悉的声音让她鼻子很酸。

她想这样也好。让男人看看她的脸，也许，他们的故事，会结束得更彻底一些。

于是她解开蒙住大半个脸的围巾，冲男人轻轻地笑。男人也冲她轻轻地笑。尽管男人努力掩饰，可是他的笑容仍然僵在中途。

他们在茶馆里喝茶。男人说那个谜语……对不起。她说没关系，都过去了。还有我们，也都过去了。男人却坚定地说，我们还没开始。

男人每天接她下班，送她回家。他找到一家很著名的医院，据说很多烫伤烧伤患者，都在那里整出一张光洁的脸。那是一个很大的手术，需要很多钱。于是她和男人开始攒钱。男人戒掉了烟、戒掉了酒、戒掉了咖啡，卖掉了摩托车。男人吝啬地对待每一分钱。他说，你的脸会好起来的，哪怕把我的血抽干。她说万一手术失败呢？男人说不会失败。她说万一呢？男人不再说话，紧紧揽住她的肩。他们定好了手术和婚礼的时间，手术的日子，距他们的婚礼，正好一年。

可手术还是失败了。解开纱布，她看到的仍然是一张丑陋的脸。她再一次号啕大哭。和多年前不同的是，这一次，她陷入一种深深的绝望。

男人陪她在医院住了些日子，然后神秘失踪。她打他的电话，关机。再打，还关机。她知道这一次是真正的结束了。那么优秀的男人，怎么会陪一个"花脸"过一辈子？

几个月后她重新回到电台，仍做那档节目。她认为自己把男人忘掉了，即使，某一天，在街上邂逅他，她也绝不会上前。

可是那天节目临近结束，毫无征兆的，竟突然接到他的电话。

他说，主持人好。她说，你好。他说，你好像欠我很多钱。她说，我知道。那时她感觉周身冰冷。他说，打算还吗？她说，是的，要还。他说，那这样，用你一辈子还吧。她说，你再说一遍？声音抖得厉害。他说，嫁给我吧，我爱你。

他说，是的，我逃离过。可是我发现，我可以逃离你的脸，却逃离不了自己的爱情。

他说，现在我终于明白，只要我们相爱，那么，你就是一朵迷人的芙蓉。

又一次，她泪如泉涌。可是那一刻，她的脸，真的如芙蓉般绽放。

那天夜里，城市里很多人，都听到一位男人，向一位女主持人求婚。

（周海亮）

为自己赚取一份足金的快乐

接到一项特殊任务——去出一份试题，手机要上交，手提电脑不可以带无线上网卡。然后我和几个其他学科的老师乘坐一辆专车，七弯八绕地走了两个钟头，之后就到了出题的那个地方。

给我们的时间是一天半，过于宽裕了。我仅用了半天多的时间就把题目出得差不多了，但是，我们有规定，不允许擅自到外面去走；手机上交了，房间电话又不能接外线；手提电脑还不能上网。唉，被关"禁闭"的滋味可真难受。

吃过晚饭，百无聊赖地打开电视。这时，有人敲门。打开门，我惊呆了，竟是我邻市的笔友。

我喜出望外地抱住她，快活地叫："怎么会是你啊？"

她也十分激动："咱俩还是武夷山那次笔会上见的呢，一晃两年多了呀！"

我突然想到了自己的使命，忙问她道："咦，你怎么知道我在这儿？你是怎么进来的？"

她表情复杂地说："不瞒你说，是我表兄让我来找你的。我表兄是你市 T 局的一个正科级主任，这回你们出的题就是他们选拔副局长所使用的考题。他搜罗了很多信息，也打通了不少关系……这不，他硬是逼着我来找你，说是问问……问问各科的复习范围。唉，我都觉得无地自容。"

我缄默了半天，末了说："无论站在哪个角度来考虑这个问题，我都不能帮你的忙。首先，我不能允许自己和别人背叛赋予了我们神圣使命的人；其次，我不能允许自己和别人因为任何原因出卖灵魂；第三，我不能亲手帮着你毁坏了你在我心中圣洁美好的形象；第四，也是最重要的，咱们都有责任保护你的表兄，不能让他用不理智的行为伤害了他自己。他可能以为'买题'是一件低成本、高回报的事，可他没有想到，事情一旦败露，他必将身败名裂！以你表兄的实力，本可以轻松应对这次考试，但如果他糊涂地加进一些不光彩的小动作，那考试结果再理想，也不可能带给他足金的快乐。就算他当真通过这不光彩的手段捞了个副局长当，我们想想看，他在这职位上的每一天都不会觉得硬气吧？因为他比谁都明白，他那把椅子是偷来的，而不是争来的。他会每天活在当初那个不可告人的小动作所投下的阴影里，心灵要淤积多厚的一层痛苦啊！所以，让我们一起来赶走你表兄心中的魔，让他用自己的实力，去为自己的人生赚取一份足金的快乐吧！"

最后她是带着释然的微笑离开的。我不知道，当她向那颗焦灼等待的心摊开空空的两手时，那颗心，要过多少时日才能将怨责懊恼改写成庆幸感激……这些，我们无法得知。毕竟，不是所有的人都能明白真诚是心灵最圣洁的阳光的道理。但不能否认的是，我们如果坚守住了心灵真诚的底线，那就不会惧怕外界的任何挑战与考验。而发生在朋友表兄身上的例子，我想也不是特例。在生活中，也许我们每个人都会遇到这种情况：当自己可以为一些人提供不义的便利时，可能会受惠的那些人，总是会送给你种种好处，以此为自己谋方便。面对这些好处，每个人都有自己的做法。但无论做法如何，都请尊重自己的原则，遵从良好的社会公德，还有，那原本美丽的心灵。

（张丽钧）

为自己设计一个角落

　　他是学室内装潢设计的，给别人装潢了许多，轮到自己，当然要别出心裁。

　　人家喜欢把客厅和阳台打通，使客厅显得大一些。他却隔开，而且把客厅隔小，让出很多面积给阳台。用玻璃隔，明亮通透。非直角隔，凹凸曲折。人家来参观，均难以理解。他便解释，这里准备做成一个绿化角，奇石嶙峋，游鱼嬉戏，花木葱郁，绿色垂悬……听得人家无限向往。

　　可是他很忙，装修完毕住进后，设想便一直停在设想中。逢年过节临时去买些盆花来点缀，过不久就枯萎。一住住了七八年，设想还是美丽的设想，阳台还是空空的阳台。有人问起这个玻璃阳台的设计初衷，他仍旧向人解释，当初，这里准备做成一个绿化角，奇石嶙峋，游鱼嬉戏，花木葱郁……噢噢，只是一直没做而已。

　　他买了更好的房子，准备将这套卖掉。

　　有买主来看房，说房子结构不错，装修也不错，就是这玻璃阳台形状奇怪且不实用。他又解释说当初这里准备做成一个绿化角云云。买主听了很感兴趣，说要不你就把这所谓的绿化角完成，我宁愿多出点儿价。

买主按预定日期再次光临时，惊讶得说不出话来。人在客厅，眼前却呈现一派亚热带森林风光，阳光透过玻璃，从林子的缝隙里渗透进来。

他笑说，我改主意了。

买主说，我愿意出高价。

他说，谢谢你敦促我完成了自己的设想。

现在他仍然住在那里。现在他明白，生活中有一种东西，当没有它时，它是可有可无的，似乎可以这样空空地过一辈子；一旦有了它，就再也不能没有了。绿化角就是这样一种东西。还有歌，还有诗，还有爱，都属于这样一种东西。

这可有可无的东西，使生活彻底两样。

（莫小米）

最淡定的全家福

凌晨3点，住在加利福尼亚州郊外一座偏僻小镇上的怀特醒了，是被一阵"噼噼啪啪"的细碎炸响声惊醒的。揉揉睡眼正要下床查看，缕缕浓烈的焦煳味已钻进了鼻孔。

"珍，快醒醒。是不是着火了？"怀特不觉心头一惊，推醒了睡在身旁的妻子珍。来不及穿好衣服，珍便看到窗外火光在闪，热浪紧跟着扑面而来。

糟糕，是着火了。珍仓促跳起，第一个反应就是救孩子。

怀特和珍共生有四个孩子，最大的是女儿乔丽丝，今年22岁，最小的是儿子亚瑟，才8岁，和他们一同住在这栋木质结构的二层小楼内。就在珍喊叫着冲上阁楼，慌乱地敲响大女儿卧室的时候，怀特已奔到门口，猛地拉开了门板。

天，熊熊大火已吞噬了门外的杂物间，无情地封堵了出门。一股热浪翻卷扑来，差点烧着怀特的头发和衣服。

"罗修，快，快打开后窗带妹妹跳出去，怀特使出全力关上门，阻止烈火冲进房间，接着对刚刚醒来还在发蒙的大儿子罗修喊。罗修醒过神，也意识到了危险正步步逼近，忙抓起凳子砸碎了后窗玻璃。

很快，罗修和妹妹逃了出去。这时，珍和大女儿也跌跌撞撞冲下楼。在怀特的帮助下，母女两人有惊无险地逃离了火海，

"砰——"房门是用厚重的松木做成的，火势凶猛，瞬间爆裂，一团硕大的火球涌进了房间。怀特纵身要往外跳，却见珍又奔回来，急切地大叫："我没看到亚瑟，亚瑟可能还在房间里！"

"你带孩子们赶紧转移，我去找亚瑟。"怀特边喊边撩起衣服掩住口鼻，四下搜寻。

珍猜得没错，亚瑟吓坏了，哆哆嗦嗦藏到了桌子底下。怀特快速踢翻桌子，抱起亚瑟冲向后窗。短短三两分钟，一家六口终于逃出了熊熊大火的围困。刚跑到安全地带，令人心惊肉跳的一幕便上演了——火借风势，越燃越旺，小楼轰然坍塌！

"爸爸，我的裙子、首饰还有山地车都没了。"

"爸爸，上周你送我的生日礼物也没带出来……"

灾难突如其来，除了家人身上穿的单薄衣服外，全部财物都在火海中化为乌有。望着根本无力扑救的大火，珍禁不住哭出了声。在这个操劳多年才建立起来的家里，曾留下了无数美好、幸福的记忆，如今却……

"亲爱的，你应该高兴，我们保住了最宝贵的东西。"怀特拥住了妻子，安慰道："我们，还有我们的孩子都很平安。如果有香槟，

我想我们一家人应该庆祝一番。"

可惜，没有香槟。大女儿乔丽斯下意识地摸摸衣兜，突然叫出了声："爸爸，我的手机还在！"

"太棒了，让我们合个影吧。"怀特笑着提议。尽管，他和珍一样依然心有余悸。但他必须这么做，他要让妻子和孩子们知道：不论遭遇怎样的灾难，不论再苦再难，我们都应该擦干眼泪，微笑面对。只要生命还在，只要心中有爱，明天的朝阳照常会冉冉升起，一切也都会好起来。

于是，一张堪称史上最淡定的全家福诞生了：怀特一家六口聚在一起，面带劫后余生的微笑相互依靠，相互搀扶，而背景却是映亮夜幕的熊熊火光和咄咄逼人的热浪！

（菊韵香）

墙推倒了就是路

　　驻足于事业的高峰之下，许多人选择像古希腊神话中那终身推运巨石的西西弗斯那样，随众人沿大路而行，一路上埋头前进，坚信着脚下的路必将通向成功的巅峰，却始终做着无用功，殊不知身边那隐觅的小路看似荆棘丛生，只有一探究竟，才会发现其背后的世外桃源、鸟语花香。

　　踏着前人的足迹，我们发现只有从不同的角度看问题，才能领略鲜为人知的风光。美国著名作家玛格丽·米歇尔在南部联邦的狂热崇拜中长大，在接触了千篇一律的以歌颂战争中英勇斗争事迹的文章后，她并没有循规蹈矩地沿着这种模式前进，而是以女性特有的敏锐的视角，以战后女性的自强不息为切入点，在铁血战争中融入了人性柔美的光芒，于是那个在书中说出"明天，又是新的一天"的斯嘉丽成为七十年来经典的美国女性形象。正是因为米歇尔从不同的角度思考了美国的南北战争，使得《飘》成为文学殿堂上一颗璀璨夺目的明珠。她没有跟从大众的脚步，而是让思维转弯，最终与智慧擦出火花，成就了生命的辉煌。

行于历史的长河中，我们会发现，只有勇于尝试，才能摘得成功的桂冠。当年轻的贝尔加入风靡一时的有线电报研究时，他并没有被潮流所束缚，在众人都不看好的情况下，开始了电话的研究，正是由于他勇于尝试，才使得电话能传递万里之外的思念。君不见，艾弗里独树一帜地提出"生物的遗传物质为DNA而不是蛋白质"，使得人类最终解开遗传信息的密码；君不见，玻尔的量子力学颠覆了人们对经典力学的物理体系的传统观念。正是这种孜孜不倦的尝试精神成为推动人类科学齿轮转动的原动力。

回望时间蜿蜒出的轨迹，我们可以发现只有前行于自己认定的道路，无论此径多么荒凉、多么寂寞，只要坚持不懈地奋斗，就能成就自己的梦想。我们与克拉拉·舒曼徜徉在音乐的海洋中，她摒弃当时浮华、绚丽的流行之风，以扎实的基本功赢得了人们的一致喝彩，并最终获得了终生音乐成就奖。这一常人难以企及的殊荣，正是她不行走世人所吹捧的音乐主流路线，而坚持自己的音乐理想，才最终问鼎辉煌。

相较于现代生活中人们的盲从、随大流，我们更应该从这些独辟蹊径的人身上汲取智慧的养分。在现代生活的空间内，多少人围堵于通往成功的门口，却发现此处已被挤得水泄不通。许多人在门外终生碌碌无为，却有极少的人不与众人同行，他们推倒墙后，开辟出一条阳光之路。

（陈硕）

消失的命运书

　　有一天深夜，拜尔的心情很不好，他觉得很多人都比自己幸运，这很不公平。他痛恨这个世界，为什么有些人成为富人，而自己却是穷人？正当他愤愤不平地说着这些话的时候，从窗外翩然飘进来一个天使，她告诉拜尔说："拜尔先生，我是死亡天使，专门掌管人类从生到死的命运书，我可以给你五分钟的时间看命运书，修改你的命运。"

　　于是，天使给了他命运书，书里写满了很多人的命运。拜尔发现，他的邻居们的命运都比他好，他们一生中能够拥有财富、健康、快乐、幸福等很多的好东西。看得他都犯了红眼病。他说："不行，这些人不能够得到这些好东西。"于是，他拿起笔来开始修改邻居的命运，他把他们的财富、健康、快乐和幸福等全都删掉了，取而代之的是他为邻居们加上痛苦、贫穷、仇恨、恐惧、眼泪和疾病。看着邻居们一个个被恶化的命运，拜尔心里充满了扭曲变态的快乐。当他翻到他自己命运的那一页，他看到了自己悲惨的下场。于是，他准备修改自己的命运。正在这个时候，这本命运书消失了。五分钟到了，死亡天使收回了命运书，翩然飞走了。

拜尔后悔不已，他本来可以改变自己的命运，却因为自己的忌妒之心，而把时间浪费在毁坏别人的命运上。

（赵荣霞　编译）

让跑在你前面的人打破纪录

1966年11月，苏联吉尔吉斯斯坦共和国奥什市某中学校运动会拉开了战幕，女子马拉松正在进行。

其中一个女孩子名字叫奥通巴耶娃，她身材中等，体形稍瘦，是三名最有实力的选手之一，大家对她很期待，许多同学热情地支持她，并且在沿途设置了蓄水点，以便她可以及时补充能量。

比赛开始了，三名运动员马上分出了高低，奥通巴耶娃体力好，遥遥领先于其他两个同学，在跑到2／3距离时，她已经领先第二名100余米。但是在离终点还有2公里时，她感觉自己的体力下降得厉害，脚下如灌了铅般沉重，意识告诉她，今天后半程的状态欠佳。正在此时，后面的一位同学超越了她，她鼓足力气跟了上去，但还是与对手差了半臂距离。

奥通巴耶娃感觉口干舌燥，一位同学送给她一瓶水，她喝了几口后，准备扔到地上，这也是长跑运动员的一种习惯姿态。出乎所有人的意料，她竟然将那瓶水递给了跑在她前面的同学，一切发生在瞬间。

比赛的结果可想而知，那个同学由于及时补充了能量，破天荒地打破了校马拉松的运动会纪录。

同学纷纷责怪奥通巴耶娃不该送那瓶水给对手。她在接受校杂志采访时说：我已经体力不支，即使是补充水分也不可能战胜她，我想帮助她打破纪录，要知道，这个纪录已经20多年没被打破了。

这个叫奥通巴耶娃的女孩子，毕业后踏上政途，她先后担任过吉尔吉斯斯坦外交部长、反对派领导人，并且领导过"郁金香革命"。"视对手为朋友"是她一贯坚持的原则，这让她无论在朋友中间还是在对手中间都赢得了良好的口碑。

2010年7月，吉尔吉斯斯坦发动骚乱，奥通巴耶娃临危担任吉尔吉斯斯坦过渡时期总统，成为吉尔吉斯斯坦名副其实的掌门人。

（深蓝）

小题大做

　　陈柳是一家公司的行政部文员。一天，公司接到一份请柬，邀请其参加本市的一个行业内部交流会，老总对这样的行业交流会不感兴趣，但是，拒绝了又显得自己太不把对方当回事，影响以后在业界的口碑，于是老总折中了一下，就随便指派了新员工陈柳去参加这次会议。当时，陈柳在公司走廊里和老总走了对面，她礼貌地向老总问好，老总点了点头算是回应，走了两步后，老总停住脚步回转身对她说："下星期有个行业内部的交流会，你代表公司参加就行了，随便拿些会议资料，我看看就行了。"

　　从老总漫不经心的态度中，陈柳也知道这个会议不是很"重要"。尽管如此，陈柳还是决定"小题大做"，认真准备。她查阅了行业内的很多资料，并制定了一些建议。这些建议都是她精心准备的，很有实用价值，可以更好地促进这个行业的健康发展。于是，当会议主席让陈柳公司的代表发言的时候，陈柳提出了很多好的建议。那天陈柳还特意带了公司的宣传资料，这样，公司给与会的其他人留下了很好的印象。

半个月后，在一家大型商业会议上，几家同行业的老总都向陈柳的老总夸奖陈柳，说陈柳提的很多行业建议非常好。老总没有想到随意派去的员工居然"小题大做"给自己制造了这么一个"意外惊喜"，内心很是高兴。

公司每隔一阶段都会聚餐，陈柳接手这项工作以后，居然利用业余时间对公司附近的一些大饭店进行了考察，最后选了个味道最好价格又比较便宜的饭店作为公司的定点饭店。因为公司的员工来自五湖四海，每次聚餐，陈柳根据大家籍贯、口味的不同，点了不同的菜系，这让大家非常满意，都夸奖陈柳考虑问题周到。

老总见陈柳总是把"小事情"当"大文章"来做，很欣赏她这种负责的"小题大做"精神。于是，一些重要的事情开始交给陈柳去办理，陈柳发扬以前的"小题大做"精神，认真负责地尽力把老总交给的每项工作都干得非常完美。

一年后，陈柳被老总提拔为行政部的经理。

职场上，很多人往往把公司交给的任务"大题小做"，这样不负责的敷衍很快就会被老总识破，而结果则是要么被解雇，要么就会被打入冷宫不再重用。如果想在职场中有好的发展，就必须认真对待公司分派给自己的每项工作，以"小题大做"的态度把这些工作做得尽善尽美，这样认真负责的人才能担当更多的重任，这样负责的人才能在职场上风生水起。

（张颖异）

守住本分

在年少的心里，安分守己，几乎就是一副束缚的枷锁。也曾抱怨过、怒斥过，甚至再也不敢奢望自己能够"特立独行"，还学会了媚俗与伪装。而当年华渐逝，蓦然回首时才发现，这不是前辈的教育出错，而是自己对本分的释义理解不清所致。

何为本分？那时不知道本分还有这样的解释："本分就是自己一生中必须要做的事，是人生必须完成的任务，是你来到这个世界的唯一目的。简单地说，就是明白自己是谁，找到自己最适合最应该也最擅长的事。"

"最适合""最应该""最擅长"，看似简单，可是又有多少人一生做了自己最适合最爱做的事？充其量不过是邯郸学步式的人云亦云，最后于茫茫人海中丢失了自我。而当自己被别人称为完人时，如果没有那种发自内心的幸福感，我想这种守本分其实就是误入歧途。可见，守本分是世上最难的事。

梭罗就是一个善于守住本分的人。他在瓦尔登湖边，像农夫一样生活了两年两个月零两天，写下了那本传世的《瓦尔登湖》。初读，并未觉得这是一本好书，但最后它真的成了我内心的"维生素"。他说："人人尽自己的本分，尽力保持自己的本色。"即使你是个矮子，也要努力做"矮子中最长的一人。"本分不是停滞不前，不是故步自封，而是在保持自我原色的前提下有所超越、有所完善。

梭罗忠于自己的内心生活，浪迹于故乡的山水之间，虽然一生几乎没有走出康科德一带的故乡，但他所说："我得像一只蜘蛛一样整天躲在阁楼的一角，只要我还有思想，世界于我就还是一样大。"因此，他不为名利所累，倾心于自然，并一生实践着自己的这个梦。所以，他的《瓦尔登湖》成为全世界的心灵故乡，"仿佛是清风送来了（梭罗），仿佛是鸟雀教会了他，仿佛是神秘的路标指引着他，找到了远方土壤中怒放的兰花。"而这"兰花"，正是在他内心本分的滋养下盛开的花朵。

还有一种本分，虽然历经岁月长河的洗礼，却如珍珠琥珀般越发炫目。这就是"人间正气"，这也是最让我动容的一种人格力量。

"粉身碎骨浑不怕，要留清白在人间"，这是明代名臣于谦要守住的本分，虽然最后"清风两袖朝天去"，但是这种胆气与豪气，即使千载之后仍让人唏嘘敬仰不已；"安能摧眉折腰事权贵，使我不得开心颜"，这是李白要守住的本分；"风檐展书读，古道照颜色"，这是文天祥固守的本分；"路曼曼其修远兮，吾将上下而求索"，这是屈原的终身追求，也是他一生的本分所在。

是山川就要有被仰望的险峻傲岸；是海洋就要有宇宙般浩瀚的

心胸情怀；是小溪就当涓涓而不止于冬夏；是和风就该去吹醒不知春的万物；是花朵就要开放自己，不要计较风暴雨急；是小草就要在春天里萌芽，不惧怕寒风早霜；是大树就要孤独地坚守酷暑严寒，坦然于雨雪雷电的千磨万击……这些都是本分，要不惧怕、能包容、敢坚持、尽职守，迎难而上而依然故我。

在当今的和平年代，我们需要守住的本分就是做人的常识，或者说是一种德行。这是对自己以及这个社会的一份诚心诚意的热爱。

（草乡香）

面对生活，我选择微笑

时常有同学对我说："看你一天忙完了学习忙工作，还整日眉开眼笑，乐乐呵呵。"昨天去理发店理发，店主打趣地告诉我："看你就像一尊弥勒佛。"透过镜子看看自己的那张脸——可能就是由于时常笑的原因，眼角明显有几道笑过的印痕。难怪也有同学告诉我："别总是笑着个脸，这样很容易衰老的。"

说到笑，我的确对这一字眼抱有感激之情。以前的我很少有"眉开眼笑"的时候，时常被一些琐碎的事情牵绊得满脸愁云。记得上初三时，学校为参加建团40周年庆典晚会排演一个大型舞蹈节目。由于身高达不到要求，老师让我暂时当替补。为了能排练好舞蹈，我尽力做好每一个动作以弥补身高的不足，但终于还是被撤了下来。为此我难过了很长时间，终日闷闷不乐，自怨自艾，很少同周围人讲话，甚至害怕见到比自己个子高的同学，更可气的是因此还影响了一次单元测试成绩。

哲人说："生活是一面镜子，你对它笑，它也对你笑。"上高中的时候，一位班长让我明白了这句话的含义。

班长是一名品学兼优的学生，同时也是一个小儿麻痹症患者，很多文体活动他都不能参加，但是班长总是面带微笑，充实地生活着：球赛中，他不能在球场上拼抢，但他自告奋勇当起了拉拉队长，鼓起腮帮子给队友呐喊助威；运动会上，他不能在田径道上跑接力比赛，但他负责起了校广播站的工作，及时把赛况传播开去……

我和班长闲聊时开玩笑似的问过他："你从来就没有因为自己的腿而难过过？"他郑重地对我说："生活中，我们往往没有了自己的选择，如果把别人所追求的当作自己的目标，达不到时就任意让失望与忧愁充斥心灵，那是很没有意义的。小的时候，这种伤痛我也有过，而且不只是一次两次。后来随着年龄和知识的增长，我慢慢悟出调节心灵的最好的办法就是微笑，它能给人以真诚，使自己封闭的心得到解放，得到对方的理解。凡事根据自身的条件出发，不要一味地在自己力所不及的事情上钻牛角尖。我之所以微笑和快乐，是因为我做了自己能够做的事情。"

我从班长的话中得到了启发：不必抱怨生活给予了太多的磨难，也不必抱怨生命中有太多的曲折，用微笑和真诚去善待自己，去善待周围的一切事物，把"人"字写正写大，就能够活出一种力量，活出一种尊严。

常记着班长的笑脸，我也学会用微笑去面对学习与工作中遇到的难题和麻烦。当演讲朗诵比赛没有拿上名次时，我会微笑着告诉自己把失败归结为一次尝试，不去自卑；当和同学发生摩擦时，我会微笑着对他解释：学生工作迫不得已，请相互理解；当自己担任总策划的元旦晚会得到校领导、老师和同学们的称赞时，我也会微笑着告诉自己，把每一次成功当成一种幸运，不去自傲；当同学再次投票选举我为学生干部时，我也会微笑着去感谢大家对我的信任与支持……

就这样，常带着微笑，我逐渐感觉到生活中人与人之间是如此的互通互爱，即使存在一些摩擦，带着笑意也能友好地解决。一次我逛完街回家，走上公交车往投币箱投递车费时突然发现身上的零钱所剩无几，尴尬得不知如何是好。司机似乎看出了我的窘相，叫住我说："钱不够吗？以后乘车补上就是了。"随之，冲我一笑，示意让我到车厢里去。旁边一位老大爷从衣兜掏出一元钱放进投币箱，笑着对我说："搭车零钱不够是常有的事，谁也不会为了这一点钱而逃票，小伙子，我先帮你交上。"司机和老大爷的话是如此的朴实，但从两人的笑容中我却读懂了人与人之间宝贵的信任和理解。

生活原本就是这样，人生的感悟就在你置身的环境里——用微笑面对生活，你会发现狭隘与忧伤能在顷刻间被宽容和快乐所替代；用微笑面对生活，你会感到尘封的心胸可在短时间被豁达和清净所填充；用微笑面对生活，你会体验到人间的情感能在无意间被真诚和理解所升华；用微笑面对生活，你会真正品尝到生活带给我们的甘甜！

（作者系吉林传播培训学院学生会主席）（刘成）

像蚂蚁一样倾尽全力

　　新丝路模特大赛湖南赛区第一名的奖品是一台笔记本电脑，刘雯就是冲着这台笔记本电脑而报名的。谁也没有想到，刘雯竟然梦想成真，真的成了第一名，拥有了这台笔记本电脑。

　　也正是这个第一名，让本来没有什么模特基础的刘雯豪情万丈，认为自己一定能够过五关斩六将，最后笑到新丝路模特大赛海南：亚总冠军的欲望台上。可惜现实却没有让刘雯笑到最后，她不但一个奖项没有拿到，还被评委当场评说，像她这样的女孩子，一没有做模特的潜力，二没有做模特的脸蛋，最好远离模特群体。可是17岁的刘雯偏偏不信邪，心高气傲地对所有认识自己的人说："等着，我到北京闯成名模，再让那些轻视我的人看看，我是不是做名模的材料。"

　　生活从来都不会因为人的一厢情愿而产生改变。刚到北京的一段日子，刘雯根本就找不到展示自己的舞台。名气大挣钱多的活动人家看不上她，名气小挣钱少的活动刘雯又不愿意去。就这样几个月过去，刘雯没有赚到一分钱。但是生存这只恶狗却在刘雯的身后虎视眈眈地盯着她。

房主又来催租金了，并对刘雯下达最后通牒：三天后再不交房租，就请她卷起行李走人。没有办法，刘雯想到借钱，当她张嘴向一个和自己一起参加过新丝路模特大赛的姐妹借钱的时候，这位姐妹有点不相信地看着刘雯，然后问："怎么回事？混得这么惨？今天晚上跟我去商场走秀，走三个晚上你的房租就出来了。"

"走秀？"刘雯有一点儿犹豫，这个姐妹一见刘雯的脸色，马上就明白了刘雯的心事。她说："走不走，你自己看着办吧。你以为你自己是谁？我也曾像你一样，以为自己可以拥有整个世界。后来我才发现，我就是一只蚂蚁，有一粒米一片菜叶，都是一分收获，都是一种幸福。"

把不切实际的梦想抛弃，原来自己也能够活得挺好。刘雯开始出现在北京的许多走秀T型台上。

当法国的艺术顾问 Ioseph Ca Ne 来指导中国版的《嘉人Marieclaire》拍一组服装大片的时候，他们找到刘雯问她愿不愿意给大牌模特试装，刘雯很爽快地答应了。她知道就是给人家当衣服架子。

当然，这样的试装对于别的试装模特也许只是一次过程，但刘雯却把她当成一次展示自己的机会。因为自从刘雯把自己当成一只蚂蚁，她就明白，收获一粒米对蚂蚁来说是一件最幸福的事情，但蚂蚁却会因为这粒米而付出自己所有的力量，所以自己也要为所做的每一件事付出百分百的汗水。正是在这次试装中，法国的艺术顾问 IosephCaNe 看中了刘雯，决定让刘雯担当他另一组服装大片的职业模特。

从此，刘雯的命运开始改变，她那一直被人认为不够鲜亮的、青涩的面孔，脸上夸张的雀斑霎时放大在媒体的封面，刘雯的模特排名也霎时飞升到24位，而且与米兰的模特公司签约，成为第一个加入"维多利亚的秘密"一年一度奢华内衣秀的首位亚洲模特。

面对这一切，刘雯心里明白，这是自己像蚂蚁一样，抓住每一次机会，用更多的努力收获到的。

（刘述涛）

平庸人生十因素

俗话说：聪明的人多，成大事者寡。

当许多人精心设计自己的人生，而苦于难以成功时，是否会想一想自己哪些地方还做得不够？

有这样一种说法：具备才智和潜力的人是很多的，倘若每个人都能得到合适的充分的发展，也许在这世间，科学家、企业家、文学家等等杰出人才会多得多。但为什么这些人不能够使自己得以充分发展，而过着平庸的生活呢？

经不住"淬火"

参加过马拉松比赛的人都知道，跑到30公里处时，实力、耐力不足的运动员很难支撑下来，而实力强、耐力好的运动员则能够逾越这个关口，奔向成功的终点。

许多想干一番事业的人往往在这样的关口处停住了。

刀刃要想锋利，则要经过"淬火"。人的潜力要想释放，则要经受住心理上的苦楚难耐。

一位颇有名气的书法家说过，他在开始练字的时候，怎么写都不像，而且越写越难看，为此几度想停止练字。后来在严师的教导下，苦练了3个月，不但字写得越来越标准了，而且心理上也由厌恶到对书法产生了浓厚的兴趣。

"只要功夫深，铁杵磨成针。"前程的锦绣，如沙里淘金，只有恒心才能创造辉煌。但一心以为鸿鹄将至，板凳坐不热即感腰酸背痛生怕长了坐疮的人，好事岂会来临？"天上掉下馅饼"只不过是神话中的故事。坐不住冷板凳的人不缺铁杵磨成针的良好愿望，缺的只是毅力，所以世上就有了浅尝辄止、半途而废、功亏一篑等等成语，所以铁杵还是铁杵，只有拿到孙大圣手里才叫"针"。

只差一步

拿破仑说过：胜利和失败仅一步之差。运用到事业当中去，可以说，往往一步之别，就会造成截然不同的两种局面。

许多人经常说这样一句话："悔当初没有……"他在说这话的时候，也就意识到了自己因为一步之差，而没有获得成功。不过，经常说这类的话并不好，因为他没有总结一步之差的教训，而屡蹈覆辙。

著名现代儒商牟其中有一条独创的经商理论：99度加1度。以牟氏看来，做生意的成功与否犹如烧水，水烧到99度仍不叫开水，关键是最后1度。他之所以能用中国土特产去换俄罗斯的飞机，就是在别人不易做到的1度上下功夫。在现实中，我们的一些经商者往往忽视这1度。可以说，这1度是创新的1度，是超人的1度。商诀云"人无我有，人有我精"，说的就是这个道理。

相信"宿命论"

古时候，生活环境十分恶劣，古人生命中的变数多得无法掌握，他们的人身财产安全很难保障，就像古语中说的"天有不测风云，人有旦夕祸福"。所以，古人普遍相信宿命论。

随着社会的进步，现代人意识到了宿命论经不起推敲，看到了它的消极作用，但还是有不少人无形中将自己的命运与那生辰八字、星相风水联系在一起，因为算命先生的一句话而或喜或忧，因而降低了个人的进取心。

照实说，人的命运握在自己的手里，细看社会上形形色色的人，他们就提供了很好的证明：一些人注重学习，坚韧不拔，上进心强，不达目标决不罢休，他们往往在事业上有所成就；一些人热情诚恳，乐于助人，遇事随和，心地善良，他们一定人缘好，吃得开；一些人讲究养生之道，不沾烟酒，通达乐观，早睡早起，这些人一般是健康长寿的……因此说，人的命运是与自己的个性联系在一起的，如果具备了良好的个性特征，不用请教算命先生，就会知道自己在人生征途上一定会心想事成。

所以，做事要靠自己。我们每个人一定要通过修养和锻炼，来改变自我。虽说"江山易改，本性难移"，但多一次微笑，多一份执着，多一点关心，却是较易办到的。

不依规矩

古人说：不依规矩，不成方圆。又说：纵心而不逾规矩，妄行而蹈乎大方。是说凡事皆应循规蹈矩，如若不按轨行驶则定会出轨翻覆。做人既要敢想敢干，又不能违背社会公德；既要勇于革旧创新，又不能脱离社会实践。那么，"规矩"指的是什么呢？

譬如：对求学来说，刻苦用功、好学善问是个规矩；做官，为民造福、廉洁奉公是个规矩；做人，团结友爱、以诚待人是个规矩……

如若不按规行驶，不及时纠正，则没有不翻车的。

做生意也要讲究一个"诚"字。前一段时间，新闻界调查表明，在遍地"生意精"的温州，上规模、上效益的企业，老板们都是遵纪守法、讲究信誉的公民。一位集团总裁坦陈己见："做人比赚钱更重要。"而有些商人不靠"诚"字来招引天下客，而信奉"无奸不商"。岂知，靠"奸滑"做成的生意只是所谓的"泡沫"经济，长久不了，而如果违法，迟早会受到法律的制裁。

"含金量"低

《联合报》上登过一篇文章，叫《含金量》。文中讲，作者去招远市，在一所金矿里捡到一枚特异而又漂亮的矿石，非常欣喜。一位技术员看后说，这枚矿石上呈蓝色光斑的物质是它含硫的成分，闪烁黄色光泽的物质是它含磷的成分，别看它光彩斑斓，其实这种矿石的含金量极低，一般没有采炼价值，所以才把它弃置。这位技术员边说边从矿石堆上拣出一块灰褐色的矿石递到作者手中说，这块矿石尽管颜色发暗，不太引人注目，但是比重大，含金量高，通常就是选这类矿石来炼成黄金的。作者听到技术员的解释后，感触很大，懂得了含金量之于矿石的重要性，毫不犹豫地抛弃了那块徒具光彩外表的矿石，而将那一块含金量高的褐色矿石保存下来。

行行出状元，状元无疑是行业中含金量高的人才。

许多人埋怨自己才能得不到发挥，个人得不到重视。在埋怨的同时，是否应冷静下来思考一番，看一看自己有没有这样的情况：徒具光彩的外表，而没有供人挖取的无穷宝藏？

唯有胸怀壮志，好学不倦，虚怀若谷的人，其发展才无可限量。

逆风行驶

人生像在海洋中航行，人际关系也如海洋上空的风，顺风可助你劈波斩浪，逆风则使你颠簸不已。

三国时期，张飞在阆中闻听关羽被东吴所害，旦夕号泣，血湿衣襟。他不听刘备劝阻，动辄鞭打士卒，终被部将范强、张达所害，留下千古遗憾。

现今，物质文明和精神文明高度发展，每个人有所作为的天地更为广阔，有一个好的人际关系成为现代人取得成功的重要因素。如果人际关系处理不好，整天吵吵闹闹，谣言四起，要想干好工作是很难的。

冰心老人说过一句话：这世界并不复杂，只要心简单就行。是啊，只要心地简单，这世界就变得简单了。别人说了一句过激的话，一笑置之；别人对你横挑鼻子竖挑眼，你也能安然处之。而如果心复杂了呢，郁郁寡欢，怨天尤人，不仅损伤了身体，而且失去了安心学习工作的大好机会，实是不可。

不屑于"无谓努力"

在单位里，有些人很喜欢做事。譬如门前有张废纸，他看见后就主动捡起来；别人的自行车倒了，他看见后主动把自行车扶正。有些青年就瞧不起这种做法，说这样做又有什么好处呢？殊不知，这些爱做事的人都是人缘相当好的人，都是受人尊敬的人。

法国银行大王恰科年轻时，自告奋勇到 BELLJU 银行找董事长，希望雇佣他，然而一见面就被董事长拒绝了。这已是第 52 次了。当他失魂落魄地走出银行时，看见银行门前的地面上有一根大头针。他弯腰把大头针拾了起来，避免它伤人。第二天，银行录用恰科的通知书来了。原来，就在他蹲下来拾大头针的时候，被董事长看见了。董事长认为如此精细的人，很适合当银行职员，所以改变主意，雇用了他。恰科是一个对一根针也不会粗心大意的人，因此他在法国银行界平步青云，有了功成名就的一天。

常听到一些青年说："我真不知道怎么办才好！"当这些人为此而感到苦恼的时候，就应听从一位哲人的话：当你不知道做什么才好时，就去做一些对他人有益的事。

吝于出力是小气。每个人尤其是青年一定要踏实努力地工作，充实自己的日常生活，而不要过多地计较个人的得失。

受阻于"无形之墙"

有这样一个实验：在鱼缸中间放一块玻璃，一边放一条大鱼，一边放一些小鱼。开始，大鱼想吃掉小鱼，却被玻璃挡住了，试了几次后，就不再存有"吃小鱼"的想法了。后来，实验者将中间的玻璃撤掉，这时小鱼自由自在地游到大鱼嘴边，而大鱼却没有一点反应。实验者认为，大鱼是被一种定势挡住了本能的欲望。

人类当然不能同动物相比，但人也有弱点，有些人在某些时候，也会犯有同样的错误。表现为：当机会到来的时候，患得患失，犹豫不决，甚至还发现不了有利时机。

历史证明，千古传颂的英雄，都是善于洞察客观形势，及时采取相应行动，也就是见机而动的杰出人物。

我国中外合资企业刚刚兴办的时候，一些有魄力有眼光的领导，及时果断地吸收外资，率先走上了富裕道路。而有些人左顾右盼，犹豫观望，错过机会，追悔莫及。

要想做到见机而动，必须善择良机。机会不会赤裸裸地放在我们面前，它常常被复杂变幻的迷雾所掩盖。因此，我们要养成审时度势的习惯，善于透过现象，去发现本质。

不去尝试

人生必须尝试。只有试水的鱼儿才知道哪儿清，哪儿浊，哪儿的水域适合自己。

报载，在南京举办的一次全国洗涤化妆用品交易会上，千余家企业不惜代价展开促销战。珠海牙刷厂因迟到一步，每天出人民币500元也聘不到一位公关小姐，头天上午牙刷无人问津，销售境况窘迫。一位记者建议："你们何不反其道而行，聘一位公关老太试试？"下午两点，细雨中，当身披红绶带的徐老太高举保健牙刷出现在万头攒动的会场上时，成千人的视线立即被吸引过来，保健牙刷一下子成了销售热点。该厂原打算会上能成交50万把，没料到仅一个下午就成交了180万把。

该厂的成功，就在于敢想敢试。

许多人是思想上的巨人，却是行动上的落后者。再好的想法如果不去尝试，也毫无价值。

不能胜寸心

清朝龚自珍作了这样一句诗：不能胜寸心，安能胜苍穹。意思是说，如果连自己的心思都控制不住，怎么能战胜外界事物呢？凡想要做一番事业的人，首先需要磨炼自己的意志，增强自己的毅力，克服内心的杂念，才可能在改造外界事物的过程中百折不挠，最终实现自己的目标。

历史上许多悲剧就是由于不能控制自己的内心而酿成的。坏人用金钱买通，小人用吹捧拉拢，均是抓住了某些人昏昏庸庸、不能控制自己的弱点。

古人说：宜未雨而绸缪，毋临渴而掘井。而我们一些人一旦对自己的成就小有得意时，就容易松懈，忘记了昨日的饥饿和惶惶不安，误以为自己无须继续努力奋斗，因此难以成为气候。

人往高处走，水往低处流。如果说，在现实与理想之间有一条大道，那么，当我们在这条大道上艰难跋涉，不出轨道，使之"三点成一线"，也就是人生坐标定位得当时，相信不用过多长时间，就会经过一个"站"，也相信没有走不完的路。

上述种种因素很值得作为一面镜子来用。照照这镜子，大约可审视出我们每个人的人生坐标定位是上进的，还是停滞不前的。

（高兴宇）

人生 "倒计时"

    人生苦短，即使长寿，有几人能长命百岁？古语"人生七十古来稀"颇有道理。在如此短暂的人生里，想要活得不凡吗？想要活出质量来吗？请采用人生"倒计时"。

    为什么要采用人生"倒计时"？我们不妨来看一下一位记者以一些工人为对象所做的调查：他们少儿和求学期总共占了18年，从18岁工作到60岁退休的42年时间里，睡眠需14年；吃饭用去3年；看书看电视用2年；闲聊、无所事事用3年；文体娱乐4年；家务劳动2年；上下班途中还要花去3年，他们真正为社会工作的时间仅仅才有12年。

    回首人生，真觉碌碌无为，虚度岁月。多少大好时光被他们浪费掉。古往今来，这样的人难道还少吗？难道还不应当及早实行人生"倒计时"吗？

    人生"倒计时"即假定自己能活到什么年龄，把今后的人生倒过来计算，看自己做成了多少问心无愧的事！

    人生"倒计时"，实质是叫人"只争朝夕"，绝非导人悲观厌世。

人生"倒计时"是要人善待生命、珍爱人生、充实生活、事业有成。

采用人生"倒计时"有益个人也有益社会。时间老人最公平，张三、李四生年相同，学历相同，为何张三没做到的事，李四却做到了呢？李四事业有成，并不是因为时间老人多给了他时间，而是他珍惜分分秒秒，采用"倒计时"方式，把有生的每一分每一秒都充分利用起来，所以他做了好多好多的事，在事业上很有建树。倘若人们都能跑在时间的前面，跑在生命时限的前面，从现在做起，采用人生"倒计时"，以勤补拙，又怎能不干出一番事业？

为什么要等到夕阳西下的时候才想到时间的宝贵？为什么要等到患上绝症的时候才意识到生活的美好？亡羊补牢固然可以，然而羊未亡时补牢何其实在！早日实行人生"倒计时"，有备无患，有益而无害！

人生若没有危机感、紧迫感，就会浑浑噩噩，饱食终日无所用心，到头来将一事无成。以自身为例，我已过"而立"之年，按"古来稀"为限，至多还有一个"而立"之年，外加十年，在"而立"之年，我总是把时光虚度，什么事经常推到明天，"明日复明日，明日何其多"，在"明天再办吧"的自我安慰中，我一事无成。天啊，我还有多少时间可以"潇洒走一回"呢？这一"倒计时"真的令人着急，令人紧张。天地悠悠，岁月匆匆，我不能再虚度年华，不能再碌碌无为，"人生易老天难老"，不让年华付水流。趁着年轻，干一番事业吧！

人生"倒计时","倒"得人壮怀激烈,"倒"得人气壮山河,当然有时也"倒"出几许焦虑几许愁苦几许自责几许神经质。不管且喜且忧,它总是让我惜时如金、勤奋务实、满怀希望。它总是让我苦心孤诣、奋发向上、不达目的不罢休。它总是让我给党和人民交上一份不白活一回的人生答卷。

奥斯特洛夫斯基写道:"人,最宝贵的是生命。生命对每个人只有一次。这仅有的一次生命应当怎样度过呢?每当回忆往事的时候,能够不为虚度年华而悔恨,不因碌碌无为而羞愧,在临死的时候,他能够说:'我的整个生命和全部精力,都已经献给了世界上最壮丽的事业——为人类的解放而进行的斗争。'"这是何等伟大,何等安宁而又震撼人心的人生"倒计时"啊!有志者当如此,不甘平庸者当如此啊!

他还告诉我们应当"赶快生活"。是啊,人,应当赶快生活:赶快学习、赶快工作、赶快奋斗、赶快……即使"长命百岁",也应当赶快生活,因为人生苦短;即使英年早逝,赶快生活还配得上此生无悔……

世上的事,有许许多多都是败坏在拖拉、等待和迟疑之中。所以人们立志谱写生命的壮丽诗篇,就应当从今天开始。

一个人再忙,每天也可以节省出两个小时,如果你从20岁参加工作,到60岁退休,每天用两个小时有计划地做一项有意义的工作,加起来有29200个小时,等于增加了3650个工作日,这是整整十年的时间，足够你干一番事业了。

无论你正值春风得意还是正遭受挫折，请你赶快采用人生"倒计时"，用生命拥抱时间吧！朋友，既然大家同意我的意见，那么人生"倒计时"当从现在开始。诸位朋友，迅跑吧！跑出你人生的一段闪光的旅程……

（张文凯）

我是一朵忧伤的玫瑰

我是一朵浅色的玫瑰，默默地开在路边。日月交织的岁月里，我是你独行时的侣伴。

微风吹过，送你一缕清香，只为驱散你行路的寂寞。日子久了，我们已感知到彼此的存在。于是，我时常翘望你风雨无阻地在我身边走过。

终于有一天，你留给我一个爽朗的微笑，从此去了不属于我的远方。

你走后的那个夜晚，小雨淅淅沥沥地下个没完没了。我疲惫的花瓣在雨滴的不断敲打中震颤，每一根纤维都把一种不可名状的伤痛传到心房。这时我才察觉到我的心分明流血了。

风雨依旧，凝望中不见了那份早已熟悉的温馨。虽然我深知望穿秋水你也不会到来，但痴痴的眼神甘愿无望地期待一片空白。

伤心是一种说不出的痛，而我走不出记忆的深谷，任失落的心一再迷途。

我知道你我的相逢就像流星一样短暂而无法记录成为永恒。

你不再回首地走去了，因为你怕看到我忧伤的眼睛。别了，即使难再相逢，我也会像你那样笑对记忆，接受你馈赠我的从容。

我是一朵忧伤的玫瑰，感谢你的笑靥亮丽了我的心灵。纵风吹雨打，我不再伤情。

时光匆匆，来去无凭。我愿将我所有的花瓣化作一颗星，永远照亮你的天空。

（孟宪林）

让恒心托起生命的太阳

人生中，存在一个富有意味的两难命题，年轻人有机会，却往往缺乏恒心；上年纪的人通常拥有较强的恒心，可惜剩下的机会却不多。在这个两难命题前，不知有多少"白了少年头"的老人"空悲切"，又有多少"如花似梦"的青年人，空怀满腔抱负，无奈"常立志"，却不能"立长志"，到头来总是落个"老大徒伤悲"的结局。唐卢延浪诗云：吟安一个字，拈断数茎须。其实，对于普通人来说，要处理好"恒心"两个字，虽然不一定要捻断多少须，但是，假如解决不当，无疑是一种生命资源的浪费。

笔者有个朋友叫 L。他现在已经是广东一家公司的老板，夫妇比翼齐飞，在事业上，可称为如日中天。就是这样一个成功者，假如将他的昨天和今天比较，谁都会说，简直判如两人。在 L 近几年给我的来信中，回顾所走的路，感慨最多的就是"恒心"两个字。他在一封信里说：假如将现在比成此岸，把事业成功看作彼岸，那么知识是船，机遇是风，恒心是桨，悟性是帆。在这四者中，人最能够把握的是"桨"。划桨的频率快慢，幅度大小，时间长短，人都可以很好掌握。而"恒心"这条桨，在你奔向彼岸的奋斗中，起着必不可少的、巨大的作用。是恒心助他事业有成，是恒心托起了他生命的太阳。

大概谁也不会想到，当初L是个典型的"三天打鱼，两天晒网"者。那时，我们经常能在他的小屋发现他自勉或者说是自责的话。譬如，他颇费心力弄出一份作息时间表，表里将一天24小时的分分秒秒都"算计"得毫厘不爽。让人粗看之下，无不为他"一万年太久，只争朝夕"的勤学精神搞得自惭形秽，仿佛全世界只靠他一人养活着。表后往往郑重列上备注：凡事无恒心不立，有志之人立长志，无志之人常立志等名言警句。次日，大清早闹钟未响，L就"哼哧、哼哧"爬起床，跑步、背英语单词……大有自此立地成佛的架势。第三天，第四天，闹钟响过，L在被窝内"哎哟"半天，或许在被窝内自己和自己"较劲"，好歹总算出"窝"。第五天、第六天……闹钟响了，日头爬得老高，L仍睡得像死人。再过几天，在L的床头又看到一份崭新的"新一代"作息时间表……

L在上个月写给我的信中，非常自信地扬言："一位先哲曾经夸口，只要给他一个支点，他就能支起地球。套用这位先哲的话，只要给我时间，我就能成功一切。"L的口气颇大，但是，当我联系起他的昨天和今天，想到他解决"恒心"这个'致命弱点'的过程，我觉得我不能不相信他，至少应该理解他。

在L去年回家探亲时，几个老朋友闲聊。大家提起L在念书时的一次次"荒唐"之举，以及他现在在事业上的成功，不解之余，又打心眼里佩服。L轻松地给我们谈起他培养"恒心"的绝招：我将它称之为"培养恒心三部曲"。其一，找一项恰当的事情来做，以此为契机，开始"恒心"的培养。L的做法是，花20元钱，报名参加全国一家著名的硬笔书法函授学校学习。按照学校规定，每天坚持练字一小时。起初容易，过了几天，就有些困难。此时，书法艺术本身的魅力，和逐步入门的乐趣，帮他度过了这一关。练了一两个月以后，上司和同事对他"书法"的进步大加赞美，更巩固了他的信心。……练了三四个月之后，他已经尝到练字的甜头。于是，加倍投入，忘我钻研。直到不知不觉半年过去，L系统学完学校规定的全部课程，拿到结业证书，不但硬笔书法颇有长进，关键是对只要持之以恒就能成功一件事的信心大大增强。L在最后一次交回学校的作业本上，激动地写了几句诗："学步的日子并不轻松／但路人赞许的眼光／远方一次次亲切的鼓励／使你的脚下很有滋味。"其二，将自己的一些长远打算，告诉亲近的朋友。让朋友们分享你的计划，督促你的行动，通过集体的智慧来帮助培养"恒心"。L在实施这一条时，感到真正的朋友，总是期盼朋友都有一个辉煌的明天。而且越是知心朋友，越是知冷知热，知道你在什么时候最需要帮助。每当自己旧"病"复发，想打退堂鼓，朋友往往能够"烧"你几句，推你向前。久而久之，为了朋友，有时你都得打起精神，努力实现预定打算。其三，无论大小，只要你在培养"恒心"的旅途上，取得进步，立即开启大脑的想象之门，"挖空心思"犒赏自己，绝不漏掉一次"表扬与自我表扬"的机会。那次，L牺牲了一年半的夜生活时间，终于捧到计算机专业自学考试的毕业证书。当天晚上，他掏出一个月薪水，请了四五个同事，就在羊城一家挺火的"火锅城"，狠狠地"爆"了一回，尽情地享受"持之以恒，马到成功"的喜悦。

"恒心"为L插上了翱翔九天的翅膀，使L的青春由此勃发盎然生机。我想，我们从L的成功里，能够获得人生诸多感悟，从而，在短暂的人生征途中，充分挖掘自身的潜力。让恒心托起生命的太阳，使青春无悔，使人生无悔。

（老泉）

陈奕迅：诚挚交际，成就K歌之王

做音乐，成为华语乐坛的标杆人物；做影视，屡屡斩获殊荣，如今的陈奕迅已能在影视歌三界纵横驰骋。这种成就的获得固然与他的辛勤付出不无关系，但他在交际中表现出来的诚挚，才是助推他登上顶峰的关键。就让我们走近陈奕迅，感受K歌之王交际中的诚挚魅力。

诚挚解释：时间是我自己的，有问题你们尽可能提

从《薰衣草》《神雕侠侣》，再到2011年的《隐婚男女》，陈奕迅凭借着出色的演技获得观众的认可，成为名副其实的巨星，但他对于别人的态度却依然诚挚——

2011年4月，华谊兄弟投资拍摄的影片《全球热恋》为了扩大影响，专门组织娱乐媒体到拍摄现场进行探班，从不喜欢工作期间被人打扰的陈奕迅强忍着心头的烦躁，努力想平静下来工作，不料旁边嘈杂的声音引得他连连NG，最后他觉得实在没有办法继续忍耐下去了，就冲着旁边的记者喊道："请你们离这里远一点，我现在正

在工作！"陈奕迅的发飙让在场的工作人员为他捏了一把汗，毕竟这次探班是由公司组织的，如果这样的事情被记者们认为是耍大牌，不论对于演员或是影片宣传都会起到负面影响。但陈奕迅却不以为然，当周围渐渐安静下来后，他重新投入到了工作中。等到拍摄完成以后，他告知剧组要接受记者专门采访。他向记者们解释说："其实我明白你们的工作，但那时我是在工作，时间是属于公司的，如果因为你们的探班影响到影片拍摄，我只好向大家说抱歉了。我现在完成工作了，下面的时间是我自己的，有问题你们尽可能提。"听完陈奕迅的解释，娱记大为感动，一扫刚才的不快。

人与人之间的交往贵于真，彼此倾心的交流才能收获一份真心，不论先前出现何种不悦状况，只要你能做出真诚合理的解释，就一定能获得别人的谅解。《庄子》曰："不精不诚，不能动人。"因此，在交往中只有拿出真心，方可赢得尊敬。

诚挚备演：既能练习技术，又能晒日光浴

2007年，陈奕迅参演了新锐导演罗永昌为纪念香港回归十周年而筹拍的电影《每当变幻时》，他在电影里扮演一个鱼贩。在定妆那天，他穿上围裙戴上塑胶手套，然后再套上香港鱼贩专用的水鞋后，陈奕迅简直不相信镜子里的人就是自己，但导演罗永昌仍然觉得不够神似。为了效果更好，导演就给了陈奕迅两周时间让他学会"刀法如神的杀鱼技术"，陈奕迅不高兴地说："我是来演戏的，可不是

来学习杀鱼的!"罗永昌走过去,一把捋起他的衣袖,指着他的臂膀说道:"你见过哪个卖鱼哥皮肤这么门?"陈奕迅嘟哝着说:"到时把衣袖放下来不就行了吗!"他搞怪的话语让罗永昌哭笑不得:"行啊,只要你觉得捞鱼杀鱼的时候方便。"定妆最终不了了之。回去后,陈奕迅重新穿上鱼贩的衣服,仔细地对着镜子端详,越看越觉得不像卖鱼哥。第二天再去片场的时候,他特意让助手把要宰杀的鱼放到了毫无遮挡的空地上,顶着火辣的太阳挥汗如雨地练习。就这样,整整两周的时间里,他每天都在太阳下练习。电影正式开拍的时候,人们发现陈奕迅臂膀的颜色已经明显发生了变化,捋起的袖子旁边有道很是显眼的界线。导演罗永昌走过来的时候,陈奕迅冲着他一边晃着胳膊一边做着鬼脸说道:"导演,你看既能练习技术,又能晒日光浴!"早已知道陈奕迅做法的罗永昌动容地说:"Eason,下次再有机会,咱们还合作!"

在认识到自己错误的时候,陈奕迅并没有选择道歉,而是很认真地从零做起,用诚挚的做法打动别人,化矛盾于无声之中,最终不但感动了导演,更是赢得了以后继续合作的承诺。俗话说,巧伪不如拙诚,在交际中,当意识到自己错误的时候,不妨选择隐而不言,转身去做,才能真正折服于人。

诚挚续约:合作最重要的不是黄金万两

前面有媒体报道了一则传闻,说昔日的体操王子李宁有意斥巨资进军娱乐界，并且打算用过亿的价格把陈奕迅招至旗下，更有甚者说陈奕迅打算拣高枝走入，已经与李宁进行了秘密接洽，一时间传得沸沸扬扬。但在2011年7月9日，陈奕迅和老东家环球唱片在香港高调举办了续约记者招待会，一向随意打扮的他竟然穿着燕尾礼服出席，让"观众们眼前不觉惊艳。"在这场招待会上，陈奕迅搞怪却满含深情的一番话击碎了先前的传闻："我其实是一个很简单的人，合作最重要的不是黄金万两，而是大家合作愉快及音乐上有升华。假如做到以上种种，大家有共同音乐理念同步升华，那莫讲黄金万两。与环球唱片合作多年，大家都默契十足，有着共同的音乐理念，所以就选定跟这个老东家继续合作。"这番话说完，令前来参加招待会的公司领导格外感动。

面对传闻，陈奕迅选择了高调续约，让流言顷刻间消解，更让人动容的是他对于合作的诚挚看法：共同的音乐理念才是合作的目的。这对那些唯收入是图的人来说无异于重重一击，也显现出了他的高风亮节。"只选对的，不选贵的"，在交际中只有不抱着功利态度，方可赢得人们的尊重和推崇。

如今的陈奕迅已被誉为继张学友之后的又一"歌神"，但他在交际中依然平静淡定，不论是对娱记、导演或合作公司，都用自己诚挚的态度与人相处，不但成就了别人，也成就了自己。

（一念清凉）

挑刺儿女孩的 "纠客" 生活

　　赵云正在长坂坡恶战，天空中忽然出现一架直升机；曹操送给关羽的赤兔马身上惊现英文编号；刘备去参加会盟时，竟说出了一千多年后顾炎武的 "天下兴亡，匹夫有责"。电视剧新《三国》首播后，硬伤累累，大导演高希希在第二轮播出前，不惜花费日800万元对该剧进行修改。有人说如果早些请来挑刺儿女孩赵雪把关，就不会出现这些 "雷人" 镜头了！

<h3 style="text-align:center">爱看电影的女孩儿　发现挑刺儿的乐趣</h3>

　　皮肤白皙，笑容甜美，一双大眼睛清澈明亮。在北京三里屯一家咖啡馆初见赵雪，就感到一种青春气息扑面而来。今年27岁的赵雪来自安徽黄山市，2006年从大学美术设计专业毕业后，在朝阳区一家装潢公司做室内设计。

　　赵雪从小就喜欢看电影，离家不远的对面街上就有一家音像店，这让她欣喜若狂。平时一有空就租些碟片看。后来因学习、工作任务重，不得不忍痛放弃这一嗜好，但电影却给她留下了无法磨灭的美好记忆。

现在每天干完手里的活，终于可以好好看电影了。比如她最喜欢的外国大片《特洛伊》，一连看了好几遍仍觉得不过瘾。有一次赵雪在"复习"中发现一件趣事：在古希腊战场上，双方正在激烈拼杀，忽然天空中出现了一架波音747飞机，从远处呼啸飞过。女孩觉得很有趣，索性拿到网上公布自己的发现，并在《特洛伊》的截图上幸灾乐祸地调侃：欧洲文明的起源的确领先世界，至少在两千多年前，飞机这一现代文明的产物就已经呱呱坠地了！没想到这个穿帮镜头引起了不少人的兴趣，大家一时讨论得热火朝天。

由于看影视剧是赵雪打发业余时间的主要方式，后来不经意间她把注意力放在了这方面。真是不看不知道，一看吓一跳！女孩发现国产电影和电视剧里有不少令人捧腹的穿帮镜头。就连一些号称精品的大片里也经常出现一些低级失误，比如大唐将军披甲执锐，在马上与敌厮杀时，下身竟露出美国苹果牌牛仔裤。倒下的士兵身旁，一个饮料瓶让人马上就能看出它是王老吉凉茶。而网友看到此类漏洞百出的情景，更是乐翻了天。

从此，赵雪从看电影中找到另一种乐趣——给影视剧挑刺儿，做"纠客"。

当上"纠客"，令导演心惊胆战

赵雪从小敬佩福尔摩斯，所以给影视剧挑刺儿，她不仅有足够的耐心，更觉得像警察捉小偷似的很刺激，这种游戏让她越玩越上瘾。

由于镜头都是一晃而过，所以要找出十分明显的毛病来并不容易。赵雪却摸索出了一套绝活，比如电影要先正常看一遍，熟悉其中的内容和情节。然后打开慢放功能，一点点寻找片中出现的不合拍的画面和异物，每一处穿帮都能这样一点点地被抠出来。

有一种穿帮最被观众瞧不起，那就是导演犯下的常识性错误。比如号称央视年度大戏的《李小龙传奇》，片中多次出现空调室外机，要知道在20世纪70年代香港贫民区中，是不可能有这种21世纪的新鲜玩意儿的。而片中龙套的脖子上竟挂着新潮手机，下身穿着时尚牛仔裤，也明显与时代脱节。赵雪的这些娱乐性挑刺儿和调侃，在网上引起极大反响。

后来一家知名网站举办了一个为影视剧纠错的评奖活动。赵雪参赛的"作品"很逗，在电视剧《水浒传》中，李逵怀揣一包牛肉大步走在路上，忽然包肉的纸被风吹开一角，四个大字赫然醒目——《法制日报》！这是赵雪获得生平第一个纠错奖，还有800元奖金。正是在这种物质和精神的双重奖励下，使她的挑刺儿技法越来越熟练。

2008年初，赵雪在网上了解到，纠客在美国是一种非常时尚的职业，是影视图里的批评家，就如同报社有校对、工厂有质检员；他们专门寻找影视作品中的BUG镜头，把这些被导演制片忽略了的漏洞，毫不留情地公之于众。美国电影为何能走到世界前列？因为多年来好莱坞一直保持着良性的自纠自查的严谨态度。尽管他们拍的大片多如牛毛，但几乎个个都是精品，很难找到硬伤。

2008年5月，一家赵雪经常厮混的网站论坛版主忽然找到了她，说有部国产军事片刚刚杀青，电影的导演注意到了最近网络上火热的电影穿帮镜头的帖子，想找人给自己的这部电影挑刺儿。赵雪去了，同时到场的还有活跃在其他论坛上的"找碴派"。

真正到了现场，和导演、明星们在一起，很多人反倒失去了平素在家里对着电脑的沉稳，有人着急拿着笔找明星签字，有的忙着和明星合影。大概是情绪过于亢奋，电影开始播放后，竟然集体出现了眼睛死机的迹象。唯一例外的是赵雪，她到场后，就坐在角落里摆弄自己的手机。一部一个半小时的电影播放完毕之后，中间竟然没有一个人叫停。电影的主创得意非凡，导演说："我们这部电影的制作是认真严谨的。所谓的穿帮场景并没有出现，我们是过度谨慎了……"

他的话马上被赵雪打断了。"倒带，28分10秒和43分21秒。"80年代的解放军女"作战专家"穿的军靴是意大利名牌；绝密文件的内容是《真的好想你》的歌词；小战士骑的一匹白马走到半路却变成了枣红色……"赵雪毫不留情地说："一部电影，草草让人一看，就找到了四五处BUG，我看你们没有谨慎过度。"

活动结束后，赵雪心情不错，看着整个创作组的人都黑着脸，她起身往外走。结果她被叫了回来，电影导演说："我想请你认真地给我的电影把把关！"

与多家影视公司签约，把挑刺儿做成事业

赵雪说，有位大明星戴着瑞士手表拍摄古装武打片：抗日英雄牺牲在街头，背后的墙上写着"此处禁止倒垃圾！违者城管罚款"。更雷人的是，在某连续剧中，汉武帝在大将卫青的神箭相助下击败匈奴伏兵，来到长城脚下的一户人家，好客的主人叫媳妇为他们做了一锅油泼辣子面。有观众忽然大叫："你们快看，汉武帝和大臣吃的是方便面！"还有关于杨贵妃的一部电视剧，皇宫外墙竟然有火车呼啸而过，难道唐朝就有了火车？最令人哭笑不得的是，在电视剧《笑傲江湖》中，仪琳小师妹叫住令狐冲说："令狐大哥，你贵姓？"赵雪说，如果拍摄完成后找几位纠客把把关，像这种"愚弄上帝"的低级穿帮完全可以避免。

赵雪的挑刺儿和刻薄在网上是出了名的，不断地开始有业务——一些电影和电视剧邀请她进行把关和找碴，避免最终闹出笑话，影响口碑。最初，小赵一个人还应付得过来，可是后来随着慕名而来的邀请越来越多，女孩发现自己身心俱疲。

她是一旦投入，就必须认真的那种性格。最多的时候，赵雪两天内不间断地看了两部二十多集的电视剧以及两部电影。看到最后头昏脑涨、两眼发酸，眼泪忍不住哗啦哗啦地往下流。做完了对于发现的BUG的记录后，赵雪觉得眼前飞舞的都是斑斑点点。

正因为找碴涉及很多方面的专业知识，2010年春天，赵雪萌生了做一个团队的念头。广告打出后来应聘的人很多，后来经过严格筛选，数百名资深找碴网友中只有二十多人被录用。赵雪建起了中国首家"影视纠错工作室"。

如今，国内已经有一百多名导演及大批影视制作工作室与赵雪签订协议，聘请她为自己的新作品纠错把关。现在她娱乐赚钱两不误，做纠客好爽！

（李蕊娟）

给你一个好心情

学校后天将要举行一次盛大的舞会，届时全校所有的英俊男生都会到场！

我想象着自己穿着那件新买的浅蓝色裙子，轻轻滑过舞池，裙裾一飞扬，轻盈地转着圈，那该会吸引多少异性的眼光，可我的那双——

砰！我的幻想一下子摔到了地上，因为我看到了床的那头——我的脚在被子下面拱起了一个高高的小山包！明天我必须买一双合适的鞋子。

第二天我起了一个大早，匆匆吃了早饭，急急忙忙登上了公交车。我已经盘算出我能想到的所有的鞋店，决意要将它们一踏遍。可是我每进一家鞋店，总是会碰到相同的一幕："我想买一双鞋。"我怯生生地问。

"欢迎光临，"店员热情地说，"请——"他的话还没有说全，忽然瞥见了我的脚，于是他连忙改口："对不起，本店没有您的尺码。"

当我在计划去的每家鞋店都碰壁之后，我想到了一个地方，这是我最后的一个希望——马萨诸塞大街上的斯道特鞋厂的直销店。我知道希望渺茫，我知道还得伤一回自尊，但我孤注一掷！

"欢迎！欢迎！"一进店，迎接我的是一只笼子里的鹦鹉。我心中胆怯，生怕自取其辱，临时改变主意，拔脚就想走，这时一位上了年纪的店员从柜台后迎了出来。"我能帮你做点什么？"他说。唉，一个老头能知道一个小姑娘的心事？

"我想你们店不会有适合我的鞋子。"我嗫嚅道，下意识地看了看自己的脚。老人给我搬来一张椅子。"你先坐下，"他微微屈了一下腰，好像我是一个公主，"我马上就回来。"

系扣的老祖母鞋？这时，鹦鹉呱呱地叫着，像是在笑。

终于他捧着一只盒子出来了。他坐在一把旧凳子上，熟练地脱下我的鞋子，然后从盒子里拿出一只大大的舞鞋，迅速地穿在我的脚上。"好啦，"他说，"现在站起来，看看合适不合适。"

我站起身，脚几乎从舞鞋里脱落出来。老人扶我站稳。他错误地估计了我的尺码。这双鞋太大了，大得离谱，以前从来没有发生过这样的事情。我的脚仿佛是在游泳池里游泳！

这时，我突然感到从未有过的兴奋。

那位老头——我现在感到他是一位老绅士——眼睛闪着光。"哦，小姑娘，"他说，"这双鞋子显然不适合你。我去换一双小一点的。"

小一点的！我心中暗暗重复这句话，像是哼一首美妙的曲子。老绅士回来了，晃晃悠悠地抱着一大摞盒子，我几乎都看不见他了。

"也许我们在这里面可以找到一双适合你的。"

我一双接一双地试穿，金色的、粉红色的、白色的。我现在又感到他是我的老朋友——坐在一张圆凳上，周围是一只只打开盖的盒子。我对他讲了我的舞会，还有我的裙子。

"哦，"他似乎感到我的事情非同小可，"这么说，我们还得把这些也试一试。"他说着把那些已经试穿的鞋子用力推到一边。然后小心翼翼地打开另一只盒子，拿出一双鞋。哇，这是我这一天见到的最漂亮的鞋子了：一双品蓝缎面的高跟鞋！当他为我把这双鞋套在脚上，我感到我就是童话里那个最终嫁给王子的灰姑娘。刚好合适！我站起来，真想就在这个鞋店里翩翩起舞。

"我替你包装好。"他说。看上去他很高兴，就像是他自己买到了一双称心的鞋子。付过钱后，我又有点纳闷儿起来，以他这样一个有经验的老店员，一开始怎么能判断失误到如此地步？解释只有一个：他呀，其实是善解人意，一个真正的绅士和朋友，也是一个很好的生意人！

临走时，鹦鹉呱呱地在叫："给你一个好心情！"

（邓笛　译）

爱的教育

从电视里看到这样两个真实的故事：

一个十一二岁的小女孩学习成绩不太好，可是自尊心却很强。当老师在课堂上提问时，她总是举起手来。可是时间长了老师发现了一个奇怪的现象：有时候，明明她举手了，但当真让她站起来回答问题时她却一头雾水。细心的老师有一天终于将她叫到办公室询问缘由。老师春风般的话语和母亲般的笑容消除了小女孩的顾虑。她终于红着脸说出了自己的秘密：如果我不举手，别的同学会认为我不会，那样他们就会瞧不起我……没有责怪，更没有训斥，最后，老师说，我们定个暗号吧：以后你如果真会就举右手，否则就举左手，好吗？小女孩感激而腼腆地笑了。这个秘密约定一直在老师和小女孩之间持续了一年。只是小女孩举右手的时候越来越多，终于有一天，她再也不举左手了。

还有一个故事很有意思：一个偏僻山区里的男孩在数学考试时得了可怜的8分，老师把他找来问是怎么回事。当得知男孩家境贫寒，在校无法安心读书，放学还要帮家里干活，几乎没有时间看书写作业时，他的怜爱和惋惜拧成了额头那深深的皱纹：孩子，你上课不听讲，放学从来不写作业，不看书，考试却还能得8分，这说明你多有天赋啊，你若是不好好学习真是白瞎了！得了8分不仅没有受到老师的责骂还得到了"有天赋"的肯定，小男孩高兴极了，终于有一天，他成了班级学习成绩最好的学生。

看到这两个故事的时候，我流泪了。我记住了那两个老师的名字：小女孩的老师叫霍懋征，今年已经是89岁的老人了，而那个小男孩的老师叫魏书生，他们都是全国特级教师。

而我也有自己的真实的故事。

那时我15岁，刚上初二，转到了另一所学校。仿佛是一眨眼的功夫，还没等我明白平面几何到底是怎么回事呢，期中考试就到了，我的数学只考了27分！我真是无地自容，要知道，我曾是"尖子生"啊。知耻而后勇，期末考试我数学竟考了93分！那天下午第一堂课是数学，我的心激动得怦怦直跳。果然，赵老师向讲台下扫视一遍，最终将目光锁定了我，冲我笑了！而我的笑此时早已溢满心怀——老师会怎样表扬我呢！可是，我发现赵老师的笑容越来越不对了，他定定地看着我，仿佛要穿透我的骨髓。突然，他大声点了我的名字："陈文阁，你这次是向谁抄的?!"刹那间，我只觉得头"嗡"的一声！我想分辩，我想大声告诉他和同学们我没有抄袭，没有作弊，93分是我自己的真实成绩，可我涨红了脸，一句话也说不出来。突然，教室里爆发出哄堂大笑，我的眼泪再也忍不住了……

从那以后，我以"自虐"的方式无声地向赵老师表达我的抗议和怨恨：不好好听他的课，不做他留的作业……而我却为自己的幼稚付出了惨重的代价：中考时尽管我的语文、英语等科成绩非常好，但数学却只得了20多分而无缘重点高中。即便是高考，我的数学成绩也没有及格。

多年过去了，我对赵老师的怨恨早已烟消云散，但我的心结却始终没有解开：一个老师怎么可以那样对待一个学生？看了小女孩和小男孩的故事，我明白了：没有一个园丁不希望他侍弄的花园绿意盎然芳香四溢，但他首先应该对园中的花草充满了爱意，无论对毫不惹眼的狗尾巴草，还是对雍容华贵、国色天香的牡丹，都应倾注爱的心泉；有了爱，他才会理解为什么迎春花会成为春天的使者，怎样才能使月季开出更艳丽的花朵。如果他心里没有春天，又怎能指望他耕耘出春色满园？试想，如果霍懋征老师不是从心底对她的学生充满了爱，又怎能孕育出那个美丽的秘密？如果她当着全班同学的面对小女孩大加斥责"你不会，为什么还举手？你这个撒谎的孩子……"我不敢想象小女孩的人生因此会发生怎样的变化。而魏书生老师的"天赋说"又展现了他怎样的爱的情怀啊！

教育，首先应该是爱的教育。

（陈文阁）

一生中的最好时光

再过两天我就30岁了。我为迈入生命中一个新的十年而感到忐忑不安，害怕一生中最美好的岁月已离我而去。

我的日常活动包括上班前到健身房锻炼一下，在那里会遇到我的朋友尼古拉斯，他已经79岁，却身体奇好。有一天我向他打招呼时，他注意到我不像平时那样精神饱满，就问我是否病了，我告诉他我为就要30岁了而感到焦虑。我不知道当我到他的年龄时会怎样回首看待人生，所以就问他："何时是你一生中的最好时光?"

尼古拉斯毫不犹豫地回应道："乔，我用哲学的方法回答你的哲学问题：

我小时候在奥地利一切都有人照顾，得到父母的细心哺育，那就是我一生中的最好时光。

我上学时听到我今天懂得了的事，那就是我生命中的最好时光。

我有了第一份工作，负起了责任并为自己的努力得到了报酬，那就是我一生中的最好时光。

我遇到妻子坠入情网，那就是我一生中的最好时光。

"二战"降临，我和妻子不得不逃离奥地利寻条生路。我们在开往北美的一条船上团聚，那就是我一生中的最好时光。

　　我成为一个年轻的父亲，看着我的孩子长大，那就是我一生中的最好时光。

　　而现在，我已79岁。我身体健康，感觉良好，像初次遇到妻子时那样爱着她，这就是我一生中的最好时光。"

（沈畔阳　编译）

活得过瘾

假如说生命有度——把心与身的存在状态从低到高排列成刻度，那么"瘾"就是一种超乎正常的生命度。懒人求助于酒、毒品、赌博、性，来达到这种生命度。其实他们不知道，既安全又不碍别人事的过瘾办法很多，但这些方法的假象是受罪。巨大的甜头就在那一点儿苦头后面。比如我酷爱长跑，要的是那终极的舒适，但那舒适需要穿越几乎是垂死的状态去获取。

《纽约客》上曾有一篇文章，讲到20世纪60年代美国艺术家们的生活方式时，总结是"他们或许活得不长，但都活得很浓烈"。

写作之于我，便是一种秘密的过瘾。我每天写作，就是图这份浓烈。我试着不写，可是不行，人就像没醒透似的。一连多日不写，就是一连多日半打盹儿地过活，新陈代谢都不对了，完全像犯了毒瘾的人。对我来说，生命一天不达到那个浓度和烈度，没有到达那个敏感度、兴奋点，瘾就没过去，那一天就活得窝囊。

然而，能不能过上那把瘾，取决于你认不认真，是否全身心地投入。

练瑜伽功的打坐，只有彻底投入才能进入佳境，出神入化。而投入的过程，往往不无痛苦。要多大的毅力、多严明的自我纪律，才能勒住意念的缰绳，让它由着你的性子走。半点玩世不恭都不能有，半点消极怠工都会让你前功尽弃。因为那涅槃般的极致快乐就在认真单纯的求索后面，就在那必不可缺的苦头后面。

不认真的爱情，我不能从中获得享受；不认真做人，我就会活得不爽透。

就连最不费事的瘾也没那么好过。酒是辣的，烟是呛的，咖啡是苦的。人间极乐之事，无不是苦中作乐。只有孩子一味要吃甜的，大起来，便瞧不上甜了，要酸的、辣的，甚至臭的、苦的。中国人最喜欢的两样东西，茶叶和白酒，难道不是滋味上最复杂、最不惬意的吗？看看人们品茶品酒时的表情，龇牙咧嘴，苦不堪言。喝糖水不痛苦，却也就不过瘾了。原来就是这么回事：小小地受点儿罪，大大地经历一番刺激，而后灵与肉得到一种升华，一种超饱和状态，就叫过瘾。那和我通过每天长跑、打坐、写小说所过的瘾，本质有什么不同呢？

本质都是要从自己的躯壳里飞出来一会儿，使自己感到这一会儿的生命比原有的要精彩。在这时，你愿意宽谅，与世无争，为了去满足那"瘾"，你不和世人一般见识。你相信他们身不由己，而你有那样一个秘密的办法，能给自己一刹那的绝对自由。

（严歌苓）

祥和的真谛

从前，有一个国王悬赏画家为他画一幅能够展示祥和的最好的画，画家纷纷献艺。最后，国王真正喜欢的只有两幅，他必须从中选出一幅。

其中一幅画的是一泓湖水，湖面宛如一面明镜倒映出周围的巍巍群山，湖上如洗的蓝天飘浮着朵朵白云。所有看到这幅画的人都认为它是对祥和的最佳描绘。另一幅画面上也有山，但却嵯峨不平，光秃秃的。天空乌云密布，大雨裹挟雷电倾盆而下。山崖上一条瀑布翻滚奔腾，白沫飞溅。这幅画看上去毫无祥和可言。

但当国王仔细端详这幅画时，他注意到瀑布后面的岩石缝隙中长着一簇灌木，一只母鸟已经在上面筑起了自己的暖巢，它端坐在那里。

你认为哪幅画应该获奖？国王选择了第二幅。"因为，"国王解释道，"祥和并不意味着一个没有喧嚣、困难或艰苦的地方，它意味着在所有这一切当中仍能保持一颗平静的心，那才是真正意义上的祥和。"

（沈畔阳　编译）

为你争出一片未来

　　12年前，樊磊携带着做生意赚来的两百万人民币从日本归国。这在当时，算是一笔巨款，想过悠闲生活的樊磊花了十余万在北京郊区买了一座农家小院，还聘请一个保姆照顾他的饮食起居，生活得很惬意。

　　然而，门口的一个弃婴打破了这位钻石王老五的宁静生活。一天，38岁的樊磊像往常一样早早起来准备到院子里锻炼身体。锻炼完以后，樊磊听到门口有动静，打开门一看，见有一个孩子被放在自家门口。天气寒冷，樊磊赶紧抱起躺在地上的小孩。这个小孩先天不足，除了能喘气以外，身上没有一块骨头，全身是一团肉。看到这种情形，樊磊心里很不是滋味，他本能地把孩子抱起来。抱回屋里以后，樊磊叫保姆弄点糖水喂小孩。看着这样一个小生命在跳跃，樊磊决定要照顾她以后的生活。

　　话是如此说，可照顾这样一个小孩并不容易。这个小孩患了脑瘫，脑袋上没骨头，软软的，特别难伺候。为了照顾小孩，樊磊得半夜起来喂奶，白天还要到批发市场买回一沓一沓的毛巾给小孩换尿布。用完以后，樊磊还会亲自洗尿布，做这些的时候，他并没有觉得不自然，相反，他产生了照顾小孩的感情。樊磊把她当作宝贝儿，取名为佳玉。

过了一年，老二佳丽以同样的方式出现在樊磊家门口。看见孩子像佳玉一样先天不足，手脚畸形，一条腿长一条腿短，樊磊的心里很难受。他马上把小孩抱回家，反正家里什么都有，带一个也是带，带两个也是带，老大的东西正好可以给老二用。尽管这样，家里的保姆还是抗议了，领一份工资却要带两个小孩。于是，樊磊爽快地给保姆多加了一份钱，还另请一位保姆过来一起照顾小孩的生活，并在农村给两个小保姆各盖了一套房子居住，以便长期照顾老大和老二。

到了下半年，与樊磊一墙之隔的邻居受人之托给樊磊抱来了一个患喉喘鸣的弃婴。老三佳美的气管比正常人的气管要小得多，呼吸的时候声音很吓人，跟打呼噜似的。看见老三这么可怜，樊磊赶快抱了过来。老三生下来就打呼噜，她父母对她不好，不给她洗澡，身上很多地方都烂了。抱回去以后，樊磊心痛得不得了，立即给老三洗澡，给她一点一点地擦碘酒。老三大声地呼吸让樊磊很不放心，樊磊抱着老三到保健医院找大夫看病。老大夫告诉樊磊，老三患的是喉喘鸣，她的气管会慢慢长大的。听大夫这么说，樊磊悬在半空的心才有了着落。

短短两年间，原本需要保姆照料的樊磊却收养了三个身患残疾的弃婴，当上了单身爸爸。自从收养了三个孩子后，已过40的樊磊毅然开始了既当爹又当妈的家庭生活。他渐渐学会了抱孩子、冲奶粉、洗尿布、喂药等烦琐工作，三个残疾孩子在樊磊的照顾下，健康快乐地成长。

2002年，身患白血病的老四佳琪被家人搁在樊磊的家门口，脸色惨白，又瘦又小，爱管闲事的樊磊便又将老四抱回家里养了起来。

四个身患残疾的小孩比较熬人，她们白天睡觉，晚上哭哭啼啼的，樊磊白天忙着采购，晚上还得集中精力哄小孩。最让人抓肝的是原本体质孱弱的四个小孩同住一个屋子，传染性特别强，其中最爱感冒的是老三，她感冒以后，在一个星期里就会传染给第二个，第二个再传染给第三个。一两个月过去了，四个小孩的感冒才能治好。

几年间，为了治好四个小孩的先天疾病，樊磊不惜散尽百万家财，除了老大佳玉的病没治好外，老二老三老四的病都治好了，樊磊感到特别欣慰，跟四个捡来的女儿过着温馨的家庭生活。

但是，领养了四个残疾小孩后，樊磊谈了多次恋爱都以失败告终。女孩难以承受照顾四个身患残疾小孩的负担。失恋的滋味并不好受，但樊磊忍忍就过去了，因为他觉得孩子才是最重要的，小孩没吃没喝就会死掉。他舍不得孩子，一切心思都花在了四个小孩身上。他带她们四处求医，确保她们健康成长。

母亲也有不理解的时候，为此樊磊还跟母亲闹矛盾，甚至到了决裂的地步。最终，母亲还是理解了儿子的善心，在樊磊没钱的时候将几年的退休养老金悉数交给了儿子。没钱花的时候，樊磊出外四处找工作赚钱回来给小孩治病，只为了当一个好父亲。

樊磊的付出也得到了女儿们的回报。四个女儿很懂事，对父亲充满了感激之情。佳琪说长大后给爸爸买漂亮衣服；佳丽说爸爸照顾我们累出了糖尿病，我挣钱之后要给爸爸买最好的药；佳美说我长大以后变魔术挣钱，帮爸爸照顾大姐佳玉，给大姐治病，让爸爸没有后顾之忧。

听着女儿们的真情告白，樊磊当场流下热泪。尽管四个小孩跟自己没有血缘关系，尽管四个小孩从小就患了严重的先天性疾病，可是他从来就没有后悔自己的选择，所以哪怕散尽家财，他也要给孩子们争出一个光明的未来。

（影的告白）

给世界最大的尊重

　　曾几何时，天气和气候变得不再明朗；曾几何时，海水天然的自洁功能日益丧失。这个世界不知道发生了什么？

　　曾几何时，酸雨、温室效应、许多物种濒临灭绝、生态破坏、资源短缺，工业高度发达的负面影响不知不觉、无孔不入地充斥着我们的生活。这个世界不知道发生了什么？

　　要让大海说出它的沉重，要让黑森林的神秘面纱消隐，要让现代化仪器超越时空，要让海洋环保的英姿高过月光，要让保卫地球家园的坚定理想在每一个人的心中生根。在平原、山脉、沙漠、河流、湖泊、海洋之间踏浪，在采矿、提炼、气电、化学、重工、轻工、农田之间飞奔。能源审计、节能监测、环境监测、清洁生产、降耗整改的足迹遍及祖国的山山水水。大海绿色的梦冲刷着原生态的沙滩和岩石，环保的蓝色波纹不断拓展，地球可持续发展的思索和实践，从无到有是一种希望，从酸到甜是一种坚持。

　　把绿树还给高山、把洁净还给城市、把爱心还给河流，能不能把蔚蓝也还给海洋？

就让世界多一颗心，就让节能减排的阳光在风雨飘扬中涤尽贪婪和浮躁，点亮夜空里万颗自由翱翔的星辰。

风从海面吹来，那些沉淀在时间深处的古老传说，如今幻化为石油黑亮的眼睛。这沉睡的鹰梦，以海鸥飞翔的姿态，打捞蔚蓝中的蔚蓝，打开一扇窗从无边无垠的水的草原，寻觅海洋平台高远的理想。如今，面朝大海春暖花开，我们也站立成那绿色的和蓝色的国土的一部分，心连心、手牵手。

到远方去领略波涛的澎湃，到海平台去测量环保指标，到石油的故乡去感受大海的风光。古老而动人的传说披上太阳的光辉和月亮的洁白，这才是我们给世界最大的尊重。

（李豫黔）

重要一课

　　一个夏日里，我坐在海滩上照看两个孩子，男孩和女孩在沙子里玩耍。他们玩得很卖力，在水边建起有大门、塔楼、护城河和内部走廊的精美沙滩城堡。

　　在几乎就要完工的时候，一个大浪打来，将城堡击倒，城堡变成了一堆湿沙。我料想两个孩子会大哭，为他们的成果化成泡影而伤心不已。

　　但他们使我吃了一惊。他们向海岸上方跑来躲过海水，笑着，手挽手坐下来又建了一个城堡。

　　我意识到他们给我上了重要一课。我们生活中的一切，我们用去如此多的时间和精力所创造的一切复杂建筑，都是建在沙子上的，只有我们人际间的关系才是永存的。浪涛迟早会袭来摧毁我们辛勤劳动建造起来的一切，这样的事情发生时，只有那些手挽手的人才能笑得出来。

　　　　　　　　　　　　　　　　　　　　（沈畔阳　编译）

懒惰者

一个懒惰者四处流浪、乞讨，饱受了人间的酸甜苦辣。

一天，他流浪进了方圆寺。他已一天没有吃东西了，便向一位老和尚乞求水与食物。

老和尚说："你今天帮我打扫寺院的卫生，我就给你水和食物。"

懒惰者说："我一天没吃东西了，你给我水和食物，我明天再帮你打扫寺院的卫生，行吗？"

老和尚说："我这里只有今天，没有明天；我只看到今天，从来不看明天。你不愿意今天帮我打扫卫生，你现在就离开吧。"

懒惰者说："我现在四肢无力，请你给我一点儿水和食物，然后我再帮你打扫寺院的卫生，行吗？"

老和尚说："我这里只有现在，没有然后；我只看过现在，从来不看然后。你不愿意现在帮我打扫卫生，你马上离开这里吧。"

懒惰者只好立即帮老和尚打扫寺院。当他打扫完，老和尚便给了他水和食物。懒惰者吃饱喝足，美美地睡了一觉。

懒惰者一觉醒来，豁然醒悟：行胜于言。他从此改掉了懒惰恶习，感到无比的幸福与快乐。

（吴礼鑫）

最后的告别

不久前的一天，密苏里州圣路易斯一家大公司的员工们午休回来，看到正门上有个通知：昨天公司里一个老是妨碍你们进步的人去世了，请大家到礼堂参加告别仪式。

大家一时都为同事的去世感到悲伤。每个人在去礼堂做最后告别的路上都很激动，猜测"这个老是妨碍自己进步的人"是谁，不论怎样，他再也回不来了。

员工们一个接一个走近棺椁，俯身观看，刹那间哑口无言。他们大骇无语，好像什么触到了灵魂的最深处。

棺椁里是一面镜子：每个观看者看到的是自己。镜子旁边还有一句话："只有一个人能妨碍你进步：那就是你自己。"

你是唯一能革自己命的人；你是唯一能影响你的幸福、你的愿望和你的成功的人；你是唯一能拯救自己的人。

你的老板变了，你的命运没有变；你的朋友变了，你的命运没有变；你的父母变了，你的命运没有变；你的伙伴变了，你的命运没有变；你的公司变了，你的命运没有变。而只有当你自己变了，变得超出你的想象，当你意识到你是唯一要对自己命运负责的人的时候，你的命运就变了。

你拥有的最重要关系是你和自己之间的关系。

（沈畔阳　编译）

头上明月心底泉

　　想起语文老师曾在解释"如数家珍"一词时说过，这个"如"字表明并非在数家珍，只是好像的意思。进而联想到苏子的"但愿人长久"，也许苏子深诗人世间的许多东西都无法长久地保存、留传，因而用了"但愿"二字。

　　只是这一个"但愿"，倾注了多少无奈、忧伤和期盼，伴随千古时间的缓流闪现，在大地上飘荡着渺远的诗意。从而旅人们得到暂时的憩息，心中贮满诗意的沉醉，对于天空、大地、时间和命运有了种种新的感悟，感到一种和这条河流、这片土地的牢固的维系……

　　撩人的月色，照在二十四桥的桥头、照在八千里路的路旁、照在寒山寺的客船边、照在短松冈的小窗前。邀上天南地北的友人，或举杯邀月，或轻舞长袖，或低吟浅唱，或狂歌千里回荡……

　　这明月下一定有苏予拣尽寒枝不肯栖的身影。怜惜也好，哀叹也罢。他的一生终究是这么坎坷地过去了。"心如已灰之木，身似不系之舟。问汝平生功业，黄州惠州儋州。"只是我不知道此时的他，那个曾经高唱"大江东去，浪淘尽"的词人，那个曾经渴望"亲射虎，看孙郎"的壮士，那个曾经"一蓑烟雨任平生"的侠客，在月下独酌、把酒临风的夜晚，是以怎样的心情写下"人生如梦，一樽还酹江月"这样的词句，又是以怎样的思绪去触碰自己过去中的光辉与痛楚。人若不自在，不如轻笑一声飞到天外。可是飞翔大晚，摆脱尘世又有大多羁绊。冥冥中，眷眷里，是否他的一生"不遇"就是他最大的"遇"？是否是他自己的才华埋葬了自己的前途？是否是他的洒脱与旷达恰恰成了让他失去这些的缘由？只是曾经沧海，却让他返璞归真。

不知明月下是否有过漫漫沙漠上一个叫作"三毛"的女子的背影。无法用瑰丽的语言抑或清丽的词句，来描述这个女子短暂而不凡的一生。她说，人之所以悲哀，是因为我们留不住岁月，更无法不承认，青春，有一日是要这么自然地消失而去。那么，既然如此，我宁愿相信，随时间荡漾而去的不只是岁月，还有我们的性情，我们的那些关于岁月的记忆。也许岁月的流逝固然无可奈何，而人的逐渐蜕变，却又逃脱不了时光的力量。真正的快乐，不是狂喜，亦不是痛楚。它是细水长流，是碧海无波，是在照耀了千百年的明月下涉过忘川，却在华丽转身的刹那依然拥有一份美丽心情。

我抬头，望着明月，想起了自己的曾经，想起了那些和月亮有关的诗句，想起了那些和我一样在月下沉思的丈人墨客。佛曰：一室千灯，灯灯互摄。一灯不碍众灯之光，众灯不碍一灯之光。千古明月心。那些人、那些事，跨越了时空的距离，交织相融在这一片朦胧的月色中，时而清晰，时而模糊。只是始终不变的是人事背后的哲理。这个世界，有太多的清高与孤傲，也有大多的卑微与渺小。只是在这一刻，众生皆在自然和生命面前拥有了一颗不曾有过的赤子之心。

千百年前的泉水溅湿我苍苔斑驳的草鞋，然而在时间的彼岸，我却和他们拥有了一样的心情。也许只是一时的感怀，却让我心甘情愿地进入了梦境，并且不再醒来。

（刘悦）

"博导妈妈" 的博爱人生

　　34岁那年，她被查出患有乳腺癌。这个消息对于一位正在攻读博士学位的她来说，简直是一个晴天霹雳。

　　她曾经因此慌乱过，消沉过，迷茫过。可是，她很快就冷静了下来。因为，恐惧没有任何意义，她必须面对现实。经过积极治疗，她很快又返回实验室，继续从事她的科学研究。而对于自己的病情，她把它藏到了心底，没有告诉任何人——包括自己的丈夫。

　　1998年，她获得了华南理工大学催化专业博士学位后，被分配到南昌大学理学院化学系工作，担任教授、博士生导师。病情稳定下来了，一切都很正常。在家里，她是一位好妻子、好母亲；在学校，她是一位好老师、好朋友；在实验室，她又是一位严肃、睿智而又严谨的科学家。她总是那么温柔和蔼而又精力充沛，谁也不会想到她是一位癌症患者。

　　2003年，她病情复发。一位癌症患者病情复发就意味着死亡——这是一件非常可怕的事。病魔侵蚀着她的机体，使她一天天消瘦。丈夫坚持要带她去医院检查。她瞒不住，才告诉丈夫实情——丈夫一下子哭了。他含着眼泪对她说："你咋这么傻呢？我是你的丈夫，我可以为你分担痛苦和忧愁啊！"她笑着说："疾病是一个人的事儿，你们谁也替代不了我！不告诉你，就是怕你担心和忧愁阴！"在丈夫的陪伴下，她到上海做了肿瘤切除手术。为了不影响丁作，她央求丈夫为她保密。丈夫含泪答应了她的请求。

她又返回到了自己的工作岗位。她把自己的温柔与才华全部献给了她的学生和她钟爱的科学事业。她担任了本科生的两门课程和研究生的两门课程，同时，还担任了大量的科研项目。反复的化疗损坏了她的声带，致使她的声音嘶哑。为了让学生们听清楚自己的讲课，她不得不在上课的时候戴上无线话筒。学生们感到惊奇。可是，除此之外，他们似乎没有感到老师有什么变化。她依然是那么和蔼，那么渊博，那么口若悬河。

她用母亲般的慈爱对待学生，用女性的温柔感化学生、教育学生，从来不对学生进行严厉的指责和无端地批评。在学生做错的时候，她最多会用眼神和蔼地对学生说："某某同志……"这时候，学生就会马上意识到自己做错了——老师不高兴了。因为，"同志"就是对自己最严厉的批评。每个学期开始，她总要忙着为那些家庭贫困的新生寻找勤工俭学的岗位，甚至，她会用自己微薄的工资资助那些特别困难的学生。而在周末，她又要亲自下厨，为她带的研究生做上一顿可口的饭菜，点点滴滴的关爱，让身在异地的学子感受到了家的温暖。

　　她的病情不断恶化。可是，她硬是坚持着，一堂课也不落下。每堂课结束，她连站都站立不稳，总要坐到讲台的方凳上休息片刻才走。学生们关切地问："老师，你是不是身体不舒服？"她总是笑着说："没什么，老毛病了，休息一下就好了！"可是，她心里明白，自己已经"大去之期不远矣"。

　　她开始分秒必争地安排未尽事宜。她用手机短信与学生做最后的告别。她在短信里写道："各位同学，请你们继续完成好学业，祝你们都有美好的前程！"她距离自己的学生是那么近，甚至刚刚还在给他们讲课。所以，谁也不会料到这是老师在与他们做最后的告别。她带的硕士研究生就要毕业了，在走之前，她要把学生的毕业论文修改完。她忍着病痛，开始不分昼夜地工作。2011年5月26日零时，她发出了最后一封电子邮件。这是她刚刚给硕士研究生彭子清修改好的毕业论文。当她发完邮件，就昏迷在了电脑桌上。两天后，她与世长辞，以至于连给丈夫的遗书也没有写完。

　　她的名字叫石秋杰。石秋杰走后，学生们从四面八方赶到南昌为他们最敬爱的老师做最后的送别，南昌大学师生还以石秋杰的事迹为题材，编演了情景剧《永生的"博导妈妈"》；网友亦称她是"博导妈妈""大学最美老师"。

　　石秋杰，一位癌症患者。她用14年的忍痛和坚守书写了人生最博爱最美丽的篇章。这篇章，将永远激励着后人，被后人所铭记！

（田野）

让最美之花永远绽放

近日，一位名叫任增芳的24岁女兵，在途经潍坊虞河栾家桥时，突然看见一名女子跳河轻生，危急关头，她立即翻过护栏，跳入四米多深的虞河中，竭尽全力将轻生女子救起。上岸后，她悄然离开事发地。直到被救女子找到她，她的英勇事迹才被人们熟知。广大网友被新一代女兵的风尚深深打动，称赞其为"最美女兵"。

最近一个时期，网络上流行着一系列的"最美"：在火场一线书写花样年华的"最美女消防警官"；面对素不相识的溺水老人，毫不犹豫跪在地上为他做人工呼吸的"最美女孩"；给盲人温暖牵引的"最美女大学生"；用双臂接住坠落女童的"最美妈妈"等等。她们的行为谈不上惊天动地，却为何能带来这么大的震撼？

有人认为，社会道德观念正在严重沙化。许多人都抱着"事不关己，高高挂起"的消极心理，选择做一个旁观者，即使有所谓的"义举"，也不再如传统道德和人性所要求的那般血气方刚、急公近义，而是习惯性地"打腹稿""做算术"，建构理性"义举"。特别是在当前受市场经济冲击，人们的思想道德滑坡，"彭宇案"的翻版越来越多，好人做不得，好事不敢做，救人反被诬的事件层出不穷的时候，她们的这些举动，更彰显出壮阔的胸怀和高尚的情操。她们娇小的身躯下隐藏着一颗强大的心，这颗心来自她们身上特有的气质——坚强、自信和对人民群众的无限热爱。这些最美丽的人，在别人生命危急或是亟须帮助时，选择了义无反顾，用实际行动温暖了人们的心田。正如一位网友直言："她们就是一面明镜，照出了我们内心的怯懦和污秽。"的确，她们是真正的天使，用发自内心的义举为社会道德沙漠造出了一片精神救赎的绿洲。

细微之处见精神，透过那一桩桩看似平凡的小事，人们感受到的不仅仅是感动，更多的是反映了群众的道德渴望和心理诉求。

公民的道德水平，体现着一个民族的基本素质，反映着一个社会的文明程度。加强公民道德建设，是提高全民族文明素质的一项基础性工程。在当今社会人们普遍在为"雷锋精神"受困而愤愤不平、发出种种感叹之声的时候，这一系列"最美"，无疑成为这个时代一道最亮丽的风景。也为群众追求"行为美"营造了氛围，竖起了标杆。胡锦涛总书记在"七一"重要讲话中指出，要坚持用社会主义荣辱观引领社会风尚，深入推进社会公德、职业道德、家庭美德、个人品德建设。让社会诚信和助人为乐的美德重新回来，使人与人之间充满着关爱和呵护，共同为社会和谐挚爱做出一份努力。

一系列"最美"的评价标准其实不难寻找，英国思想家弗朗西斯·培根在《论美》一文中已经给出了答案："美德好比宝石，它在朴素背景的衬托下反而更华丽。"让"最美"之花永远绽放在神州大地，已成为社会的普遍呼声。

（楚奇）

人性的通道

在一次战斗中美、德两军在一处平原相遇，双方交战激烈，枪声不断响起，他们之间是一条无人地带。一个年轻的德军士兵尝试爬过那个地带，结果被带钩的铁丝缠住，发出痛苦的哀号，不住地惨叫着。相距不远的美军士兵也听到了他的惨叫声。一个美军士兵无法再忍受，于是爬出战壕，向那德军士兵匍匐过去。其余美军士兵在看见这个情况后，都停止了开火，但德军仍炮火不断。直到德国指挥官好像明白了那年轻美军士兵的想法后，也命令停火。

此时，战场上出现了一片沉寂。年轻美军士兵匍匐爬到受伤的德军士兵那儿，救他脱离了铁钩的纠缠，扶起他走向德军的战壕，交给已准备迎接他的同胞。之后，他转身准备走回美军士兵阵营。

忽然，一只手搭在他肩膀上，他转过来，原来是一位获得铁十字勋章的德军军官。他从自己制服上扯下勋章，把它别在那名美军身上，才让他走回自己的阵营。之后，双方又继续战斗。

战争将人变成魔鬼，而人性又将其还原为人。

（朱孟军）

让生命突出重围

出生美国的普拉格曼连高中也没有读完，却成为一位非常著名的小说家。在他的长篇小说授奖典礼上，有位记者问道：你事业成功最关键的转折点是什么？大家估计，他可能会回答是童年时母亲的教育，或者少年时某个老师特别的栽培。然而出人意料的是，普拉格曼却回答说，是二战期间在海军服役的那段生活：

1944 年 8 月一天午夜，我受了伤。舰长下令由一位海军下士驾一艘小船趁着夜色送身负重伤的我上岸治疗。很不幸，小船在那不勒斯海湾迷失了方向。那位掌舵的下士惊慌失措，想拔枪自杀。我劝告他说：你别开枪。虽然我们在危机四伏的黑暗中飘荡了四个多小时，孤立无援，而且我还在淌血……不过，我们还是要有耐心……说实在的，尽管我在不停地劝告着那位下士，可连我自己都没有一点信心。但还没等我把话说完，突然前方岸上射向敌机的高射炮的爆炸火光闪亮了起来，这时我们才发现，小船离码头不到三海里。

普拉格曼说：那夜的经历一直留在我的心中，这个戏剧性的事件使我认识到，生活中有许多事被认为不可更改的不可逆转的不可实现的，其实大多数时候，这只是我们的错觉，正是这些"不可能"才把我们的生命"围"住了。一个人应该永远对生活抱有信心，永不失望。即使在最黑暗最危险的时候，也要相信光明就在前头……"

"二战"后，普拉格曼立志成为一个作家。开始的时候，他接到过无数次的退稿，熟悉的人也都说他没有这方面的天分。但每当普拉格曼想要放弃的时候，他就想起那戏剧性的一晚，于是他鼓起勇气，一次次突破生活中各种各样的"围"，终于有了后来的炫目的灿烂和辉煌。

想起了另一个故事。一天早晨，电报收发员卡纳奇来到办公室的时候，得知由于一辆被撞毁的车子阻塞了道路，铁路运输陷入瘫痪。更要命的是，铁路分段长司各脱不在。按照条例，只有铁路分段长才有权发调车令，别人这样做会受到处分，甚至被革职。车辆越来越多，喇叭声、行人的咒骂声此起彼伏，有人甚至因此动起手来。"不能再等下去了"，卡纳奇想。他毅然发出了调车电报，上面签着司各脱的名字。司各脱终于回来了，此时阻塞的铁路已畅通无阻，一切顺利如常。不久，司各脱任命卡纳奇为自己的私人秘书，后来司各脱升职后，又推荐卡纳奇做了这一段铁路的分段长。发调车令属于司各脱的职权范围，其他人没人敢突破这个"围"，卡纳奇这样做了，结果他成功了。

仔细想来，每个人其实都有着这样那样的"围"：主观上的认识上的偏见，个性上的不足，客观上的陈规陋习等都制约着我们实现生命价值的最大化。如果我们想在一生中有所作为，我们就必须要学会不停地突围。

然而，一个人要突破各种各样的"围"，不是一件容易的事。首先，我们要有识"围"的智慧。有的"围"是明摆着的，我们一看就知道它妨碍着我们走向远方。但有的"围"是"糖衣炮弹"，你看不到它对你的妨碍，或许你看到了也会有意无意地纵容它挤占心灵的地盘。其次，我们要有破"围"的实力。要突破主观的"围"，我们只需依赖意志；突破客观的"围"，则必须依靠才华、能力了。比起前者，后者的获得更艰难，付出的人生代价也更惨重。

突围是我们给予自己的最好的礼物，如果把我们向往的生活比做一个小岛，突围则是一条平静的航道；如果把我们的生命比做一块土地，突围就是那粒通向秋天的种子；如果把我们的人生比做天空，突围就像那轮光芒四射的太阳……一个人可以出身贫贱，可以遭受屈辱，但绝对不能缺少突围的精神，没有这种精神，你就会失去了行走的能力，永远也抵达不了本来可以抵达的人生的大境界。

（游宇明）

带着相信上路

　　是带着相信还是带着怀疑上路，这也许正是一个信仰问题，从中分叉出来的方向、道路、风景和目的地自然截然不同。

　　一个在爱情中受伤的朋友问我：你相信爱情吗？我再也不会相信了！我毫不犹豫地回答：相信！即使受过伤，我也相信！我不是言不由衷地鼓励他，而是真的相信。我不但相信爱情，还相信世间所有的美好。我对朋友说，当一个人不相信世间最美好的情感之一——爱情时，他自然会长久地疏远它，即便有一段真爱摆在他的面前，他也会背叛它。因此有人说："因为信任，爱情才如童话一般美好。如果没有信任，爱情就会像地狱一般丑陋。"

　　因为有了相信做生命的基石，我们就不会在怀疑之后变得虚无，会努力将自己导向美好的方向和目的地。这种相信也应是相信一切，而不仅仅是相信对自己有用和自己能够掌控的东西，既包括对真善美的相信，也包括对假丑恶的相信（相信它们对真善美的伤害是巨大的，相信它们最终会被真善美战胜）。当然更多的是对前者的相信，由此我们才会具有凡·高在书信中所引用的那种认识："魔鬼并不总是那么黑的，你可以看他的脸。"我们常犯的错误正是因为意识到"魔鬼"的存在，而连"天使"都一起怀疑，结果认为后者的脸也"总是那么黑"，自己去看"天使"时，会觉得这就像一个笑话乃至谎言。

相信，也即用真善美、用希望、用胜利为自己代言，也即从一朵花儿开始学会信任整个春天，也即认识到：我来到世间的时候，春天已经存在，光明已经存在，世界也已准备好完美的刹那来迎接我，再多的悲哀、伤痕、阴影和死亡都无法改变这一点。这种认识对我们非常重要，只有如此相信，我们才能够最先沐浴到清晨的第一缕阳光，像孩子那样重新开始，永远拥有新的自己、新的世界。

而人是最容易在悲哀、伤痕、阴影和死亡中怀疑爱情、生活和人生的，我们也确实不是超人，只有对希望、宽恕和爱给予更多的相信、更多的效力，我们才能够避免在深渊里越跌越深，并且学会搀扶别人、救起自己。

在相信美好的同时，我们也应该相信苦难是无法消灭的，我们所做的就是用美好来抵挡和减轻痛苦，痛苦也会在彼此的信任中净化我们的心灵，让我们内心的力量得到完整的发展，"让我们以更加纯洁的心灵相信童话，获得重生"。

从某种意义上讲，怀疑爱情、怀疑生活、怀疑人生，这并不可怕，而且也很需要，但是我们的态度不应首先是怀疑，而应首先是相信。我们必须用一种"愉快与勇敢的精神来安排计划"。相信的意义远远大于它的用处，正如一朵花的意义远远大于它的粉艳芬芳，我们正是从一朵花开始拥有了整个爱情、生活和人生的春天。诗人说得好：许多燕子已经坠落，许多还在纷纷飞着，许多小燕子刚刚出生。当它们摆脱掉地上的阴影，它们就成为天使。

（草上飞鸿）

我征服的是我自己

山东汉子翟墨第一次见到大海是在 15 岁，此后对大海越发痴狂，大海对他的召唤越发不可抗拒。终于在 2007 年 1 月，翟墨凑钱买了一艘二手帆船，开始了一个人的环球航行。

在白昼，翟墨和船一刻不停地乘风破浪，只有在晚上将舵放到自动挡上，方可小睡一下，但每小时都要起来查看情况，睡眠依然凌乱破碎。最长的一次航行，翟墨竟坚持了三十多天，神经绷得"嘎吱嘎吱"响，但仍是一心向前、向前、向前……

因为长时间无法正常地睡眠，在茫茫大海中只身航行更感觉孤单寂寞。翟墨后来说："海上航行那是真正的与世隔绝——绝对自由，却也绝对孤独。安静得可怕。我会不停地胡思乱想，觉得一切都失去了意义，特别希望有一只苍蝇或蚂蚁来陪我，就算鲨鱼也行。"

孤独到发狂和绝望，翟墨开始靠抽烟喝酒来承受心理上的煎熬，虽然这些都有违航海常识，但他真的什么也顾不上了。他也曾经后悔过，心想靠岸后就不这样玩命了，可是真的有机会上岸，将受伤的帆船修好后，他又忍不住继续自己无人陪伴、凶多吉少的海上大冒险。

在航行六个多月后，翟墨在印度洋上遭遇到了一次至今仍心有余悸的飓风狂澜。船上的风向表显示的是暴风11级，暴风掀起的惊涛骇浪高达十几米，在瞬间便把船帆撕成布条，风浪甚至将帆船自动方向舵上的一个螺丝生生打断，翟墨只好启动应急舵，仅靠人力掌舵航行。翟墨双手轮换掌舵，用一条绳子将自己和帆船牢牢地系在一起，抱着人在船在、永不放弃的决心跟狂风巨浪进行一次次殊死决斗。

这场九死一生的决斗持续了七天七夜，"昼夜我都用两只手轮换掌舵，坐着、站着、躺着、跪着、趴着，虽然调换姿势，但手一刻都没松开。靠岸时，我的手都僵了。"在飓风海浪中孤身航行，翟墨全身都挂过彩，有一次他的脚被划出一个大伤口，自己给自己注射麻药，还哆嗦着给自己缝了二十多针。他的右手腕也曾因用力拉帆而造成骨折，在海上难以及时正位而导致骨头突起：好在每一次历险，翟墨最终都能够安然度过，这里面勇气和智慧固然是决定因素，但谁又能够否认运气的存在呢？

这次环球航行历时两年半，自山东日照始，横跨印度洋、大西洋、太平洋，经过爪哇海、加勒比海，穿过莫桑比克海峡、巴拿马运河，途经40多个国家，环绕地球一周，翟墨终于在2009年日月16日凯旋，堪称完美奇迹。

当有人认为翟墨的环球航行体现了人对险境的征服时，他说："海洋没法征服，任何大自然的东西都是不可能被征服的。实际上征服的是你自己，海让你对大自然感到敬畏，让你觉得自己所知是多么有限。"

2010年10月，翟墨应邀参与拍摄了中国国家形象宣传片，向世界展示中国的海洋文明。现在，他的雄心更大，为参加2012年在法国旺底举办的帆船界顶级航海赛事"Vendee Globe"而秣马厉兵。这无疑又是对自己的无情挑战和强悍征服。

（草上飞鸿）

有心的胜出

　　计划科的科长离职了，科里的工作暂时由姚一康和莫凡挑大梁。他们资历相当，是最佳科长候选人，都在拨打各自的小算盘。我并不在意，因为我资历浅。

　　而恰在这时，老总在与大昌公司的谈判中遇到阻碍，他虽然满脸不高兴，但还是放了我们半天的假。于是我们跑出去又吃饭又K歌，因为我们头不抬眼不睁地忙了两个多月，做大昌的计划书。老总这是安慰我们。欢够了，我于心不忍，想着手中弄了两个月的计划书，还是回到办公室，将上午正在做的资料继续下去，算是有始有终，即使用不上了，留个样板参考也是好的。

　　第二天一上班，老总把姚一康叫去吩咐工作。姚一康回来后，宣布道："老总命令，把有关大昌公司的资料全部销毁。电脑资料删除，纸质的全粉碎。"大家都很震惊，这意味着公司最大的客户彻底失去了。我忙问："就算中止合作，干吗要销毁资料呢？假如以后……"刚说到这就被姚一康打断了："老总说了，没有假如。他是铁了心不跟大昌交往了。你们难道不明白老总的决心吗？"莫凡也点着头说："大昌公司出尔反尔，老总也是忍无可忍。"

其他人开始销毁起纸质资料来。电脑里的资料存放在一个数据库里，我自告奋勇去办。办公室里充满紧张的气氛。而最紧张的是我，本公司与大昌的合作已经好几年了，数据库里的资料真不少，把这些资料一气销毁，足见老总毅然决然了。我用了足足一个小时，才将里面的资料全部删除。

由于公司的经营出现暂时性困难，老总也把提拔计划科新科长的事放在一边。计划科的工作由姚一康和莫凡主持，看起来他们都进入了角色，我们其他人也认同这一点，新科长一定在他们两人中产生。

可是没过几天，意外的事出现了。这天老总冲进我们计划科，开白就问道："有关大昌公司的资料，你们是不是都销毁了？"姚一康和莫凡马上积极响应，说都已毁掉了。老总一跺脚说："唉，讨厌的大昌，现在主动找上门来了，那些资料得重做了。"

啊？霎时，大家目瞪口呆！

老总说得轻轻松松，可大家暗暗叫苦，要将那些资料从头做起，工作量大得吓人，那还得两个月呀。最要紧的是失去以前的数据，许多东西要重新找，在成本花费上肯定会加大，这是生产经营最大的忌讳。老总当然深知这些，但命令是他下的，他也只能不当回事。其实看得出，他很后悔。

此时，我站了起来，说："大昌公司的计划资料，我留有备份。"

这淡然的一句，惊动全场。老总两眼紧盯着我。我指着我用的电脑说，"当时在删除这些资料前，我先做了备份，以备不时之需，没想到真用上了"。

老总亲自打开电脑，顿时两眼放光，立即命令我们调出来使用。然后他走出办公室，复又折回来，指着我说："小沈，这个计划科就由你具体负责吧。"

大昌计划完成之后，因为我的奇功，老总直接任命我为科长。我毫无思想准备，只好找到老总，向他推荐姚一康和莫凡，说他们比我资历深，经验丰富，更适合当科长。但老总笑笑说："我觉得还是你合适。因为你无意当官，却有心做事。公司就需要你这样的人。"

（沈银法）

好大一棵树

　　1971年，17岁的史国定高中毕业。那时还没有高考，成绩优秀性情温良的他让乡亲们很是心疼，于是乡官们问他："想不想教学？"他红着脸没有说话。其实他最崇拜教师，他认为这个职业是最神圣的职业，所以他不敢奢望。乡官们又问："想不想去梨树洼当老师？"他马上抬起头来，待看清乡官们并不是开玩笑后，大声说："想！"

　　梨树洼是山沟里的山沟，贫瘠中的贫瘠，那个小学也是乡里最头疼的一个小学。派去的教师没有能坚持三个月以上的，而且动员家长让孩子上学比登天还难。一间破屋就像聋人的耳朵摆设在那里，学校停课的时间比上课的时间还多。

　　史国定当然知道这个学校，他认识那里一个放羊的孩子。一提起上学，那孩子就咬唇流泪。所以，他觉得自己必须去，那里的学校必须有老师。

　　进山后，动员孩子复学倒不难，因为家长们一看新来的老师是个乳臭未干的娃娃，就笑了，只管让孩子复学，因为家长们料定他上不了几天就得停学。

第一堂课很滑稽，五个年级一间屋，一排一个年级，有的连书包也没带，都看着他傻笑。他也不知道该说些什么，头一回上讲台，很害羞。一说话还是孩子动作孩子气，孩子们就一次次哄笑。但他心里明白孩子们都在想什么，于是干脆用粉笔在黑板上写了一句话："同学们！史国定老师不会再走！"

孩子们不笑了，坐正了，望着老师，一张张小脸挂上了大颗大颗的泪珠，终于有一个女孩哽咽着说："老师，您要说话算话！"孩子们全站了起来："老师，说话算话！"史国定忍住眼泪，但一开口说话还是哭了出来："一定……"孩子们呼啦啦扑向讲台，里三层外三层地抱住了他。

两个月过去了，白白胖胖的史国定黑了瘦了，但他没走，依然坚守在岗位上。正常上课的热烈声势和日常孩子们前所未有的幸福欢喜，让家长大惊失色。有服了的，有怕了的，也有强迫自家孩子退学的。在山里，刨山求食才是正经事，能上学的孩子就不能为家里干活了。

第一个被强迫退学的孩子，逃出家跑到学校，抱住史国定放声大哭。史国定带着孩子去地里见孩子家长，二话不说，和孩子一起朝南山跪倒磕头，大哭："穷山先人，救救你的娃！你的娃才能救你！……"孩子的家长惊呆了，村主任跑来扶起老师，冲地里所有人吼："今后谁敢让娃退学，我就把他全家打出山去！"

再也没有家长敢阻挠孩子上学了，所有上学的孩子都把史老师当成最亲的人。血都是热的，十几岁的"孩子老师"，每天不停地讲课，哑了一次又一次，瘦了一圈又一圈，放学还要翻山越岭挨家挨户走访。每次下雨，他都要累病一场，几十个孩子，他要一个一个地背着抱着过山蹚河，那情景，岂止是一个老师？

大惊失色的不只是山民们，各级领导更甚，全乡表扬全县宣传，当然也要奖励、转正、定工资，并表示正在动员新人去接替，到时史国定就可以出山了，全县学校任他挑，更有知他大名的山外学校纷纷请他前去任教。史国定的回复就一个字："不！"接着，他的家人亲友们着急了，孩子傻大人不能傻，穷山沟说什么也不可久留。于是各显神通，好工作、好媒茬、好官职……史国定的回复仍是一个字："不！"

一位亲人进山劝说，把史国定从讲台上拉出门来再回头看，呆了：几十个孩子跪倒一片，全都泪流满面，齐声说："老师，我们爱你，我们不怪你……"那位亲人终于明白了，这个世界上有一种情义比天地还要大，是无法与之抗争的，于是头也不回地走了。

1989年，梨树洼整体搬迁，这又是史国定可以名正言顺出山的机会，劝说和高薪聘请的人再次蜂拥而至。史国定的回答还是一个字："不！"梨树洼没了，但穷山沟还在，有学生而没学校、有学校而没老师的村子还在，只要还有一个上不了学的孩子，他就不能走！

又十多年过去，这个小学成了全县最传奇的好学校。而这十多年，乡里县里也尽力派教师进山，至少可以让史国定轻松一些，但奇怪的是，竟没有一个教师能坚持下来。那方讲台，仍只有史国定这棵不倒松。

从17岁到57岁，三尺讲台40年定塑。对孩子们来说，史国定是大于一切的救世主。他们走进中学、走进大学、走进海外博士堂，史国定的学生都是最优秀的，穷山沟成了远近知名的"洛阳伊川龙凤洼"！当然，步入中年的史国定看上去已是老年，但绝非常人意识中的那种行色。瘦得不能再瘦，就成了坚硬如铁的特色树；背驼了，就成了金刚盘结的不倒峰，声音再也不会喊哑了，三尺讲台风雷处，每日洪钟震山电闪雷鸣，在孩子们的童声伴奏之下，成为山民们敬仰膜拜的"救山神音"！

2011年6月，记者们在这个只有4个学生一个老师的学校看到这样一个场面：一面鲜红的国旗冉冉升起迎风招展，5名师生举行隆重庄严的升旗仪式。铁骨花甲（其实只有57岁）的老师站在中间，4名学生分站两边，仰望红旗，肃然敬礼。老师皱纹簇拥的脸和学生有如红日的脸笑意灿然亦泪光闪闪，久久的礼式，久久的心语，一种无声的震撼！

（张鸣跃）